梯级水电站多尺度多目标联合优化调度

李　想　尹冬勤　魏加华　著

科学出版社

北　京

内 容 简 介

本书面向梯级水电站调度不同时间维度、不同目标维度存在的关键科技问题，采用实用的建模、优化、数据库和并行计算等技术方法，开展创新性研究，成果应用于长江三峡梯级调度问题，为科学利用水和水能资源提供参考与借鉴。全书共6章，主要内容包括：绪论、水电站短期调度的混合整数线性规划、梯级水库中期调度的知识方法、梯级水库长期调度的并行动态规划、水库汛期综合效益权衡的多目标规划、基于LINGO的水库优化调度决策支持系统。

本书可供水文水资源相关领域的科研人员、高校相关专业教师和研究生、从事水资源规划和管理的技术人员参考。

图书在版编目(CIP)数据

梯级水电站多尺度多目标联合优化调度/李想，尹冬勤，魏加华著. —北京：科学出版社，2020.1

ISBN 978-7-03-062837-4

Ⅰ. ①梯… Ⅱ. ①李… ②尹… ③魏… Ⅲ. ①梯级水电站-水库调度-研究 Ⅳ. ①TV74

中国版本图书馆CIP数据核字(2019)第240090号

责任编辑：范运年 王楠楠 / 责任校对：王萌萌
责任印制：吴兆东 / 封面设计：蓝正设计

科学出版社 出版
北京东黄城根北街16号
邮政编码：100717
http://www.sciencep.com
北京建宏印刷有限公司 印刷
科学出版社发行 各地新华书店经销
*
2020年1月第 一 版 开本：720×1000 1/16
2020年1月第一次印刷 印张：9 3/4 插页：4
字数：201 000

定价：138.00元

(如有印装质量问题，我社负责调换)

序

水库调度是水利科学与工程的传统研究领域。随着流域内大批水库投入运行，我国已经进入由建设到管理的关键转型期。如何开展联合调度、最大化社会经济环境效益，是流域水资源综合管理的必然趋势，是研究意义和必要性所在，也是科技工作者需要不断运用新思路和新技术攻关的研究方向。

《梯级水电站多尺度多目标联合优化调度》一书作者一直专注于研究梯级水库联合优化调度。攻读博士期间，作者参加了“十一五”国家科技支撑计划课题“水电经济运行及市场化运营效益关键技术”(2009BAC56B03)、国家科技支撑计划专题“三峡-葛洲坝梯级枢纽联合调度评估分析关键技术”(2008BAB29B09-5)，面向长江三峡梯级水库调度开展了相关问题研究。参加工作以后，该书作者对主要成果进一步梳理和完善，并在此基础上形成该书。

在该书中，作者从当前梯级水库调度不同时间维度、不同目标维度存在的突出问题出发，构建了混合整数线性规划模型，求解了集复杂特征于一身的水电站机组组合问题；利用分布式计算，在超大规模集群计算机平台上回答了水库群调度多时空维搜索问题；引入知识管理的思路，实现了梯级水库调度与水电站机组组合的双重优化；构建了多目标规划模型，权衡了水库汛期调度的社会、经济、生态效益。这些研究成果曾在 *IEEE Transactions on Power Systems*、*Advances in Water Resources*、*Journal of Water Resources Planning and Management*、*Journal of Hydrology* 等专业领域知名刊物上发表，受到国际国内同行的广泛关注和认可。

我非常高兴地祝贺该书作者入选 2017～2019 年度中国科学技术协会“青年人才托举工程”，在该项目支持下出版了该书。该书阶段性地总结了作者多年从事梯级水库联合优化调度的创新性研究成果。相信该书的出版将为提高流域水和水能资源的科学管理水平发挥重要启示作用。

是为序。

王光谦

中国科学院院士

2019 年 10 月 29 日

前　言

流域梯级水库为水资源保护和水能资源利用发挥战略性作用，联合调度势在必行。梯级水库规模大，尤其是近年来我国新建大型水库库容大、水头高、电站装机容量大、机组多且机型异、目标多且相互竞争，给科学管理带来一些新的难题和挑战，急需提出并应用模拟可靠且计算可行的求解方法来不断优化流域梯级利用。

在这一背景下，本书围绕梯级水电站多尺度多目标联合优化调度开展研究，取得的主要研究成果有：一是针对我国大型水电站短期调度的多机组、异机型、变水头和非线性出力特征等问题，构建了一种混合整数线性规划模型，该模型在求解大型水电站短期调度问题时高效且实用；二是针对梯级水库中期调度模型需要提高计算精度的问题，提出一种知识方法来管理和查询水电站机组组合优化结果，结合水库优化调度方法，实现梯级水库调度-水电站机组组合双重优化；三是针对梯级水库长期调度的时空高维问题，基于分布式内存并行计算机和消息传递接口（message passing interface，MPI）通信协议，提出一种并行动态规划算法，考虑了分布式计算和分布式内存，能够减少计算时间，同时缓解计算内存瓶颈问题；四是针对水库汛期调度涉及多个相互竞争目标间的协同优化问题，构建了权衡社会、经济、生态效益的水库汛期多目标规划数学模型，提出了相应的求解策略，量化了不同调度方案、不同洪水过程下不同目标间此消彼长的关系；五是从易开发、实用性、鲁棒性、通用性、外延性等原则出发，提出了一种简单的基于 LINGO 的水库优化调度决策支持系统的设计和开发思路。

第 1 章由李想、尹冬勤、魏加华执笔；第 2 章至第 4 章由李想、魏加华执笔；第 5 章由李想、黄磊、尹冬勤执笔；第 6 章由李想、司源、尹冬勤执笔。全书由李想、尹冬勤、魏加华统稿。

本书得到中国科学技术协会“青年人才托举工程”项目（2017QNRC001）、国家自然科学基金项目（51609256、51609122）、国家重点研发计划项目（2016YFC0401401）、国家科技支撑计划项目（2008BAB29B09、2009BAC56B03）、国家电网公司科学技术项目“黄河上游水情预报和流域发电量预测研究及应用”、青海省祁连山区山水林田湖生态保护修复试点项目“祁连山区水资源优化配置”

等的资助。

本书写作过程中，得到清华大学、中国长江三峡集团有限公司等有关单位的大力支持和帮助。清华大学王光谦、傅旭东、李铁键等老师及美国加利福尼亚大学洛杉矶分校叶文工教授对本书给予了许多指导与帮助，特此致以衷心的感谢。

受时间和作者水平所限，书中难免存在不足之处，恳请读者批评指正。

作　者

2019 年 11 月于北京

目　　录

第1章　绪　　论

1.1　研 究 背 景

水电是绿色能源，与传统化石能源相比不消耗、不排放、不污染，与其他清洁能源相比技术成熟、可大规模开发，是电网调峰、调频的优质电源选择。发展水电能够驱动社会经济发展、助力低碳能源之路，是解决用电负荷增长和负荷峰谷差拉大问题的一种有效途径(汪恕诚，1999；Huang and Yan，2009；陈雷，2010；Chang et al.，2010；Cheng et al.，2012a)。据统计，全球16.4%的能源供给来自水电，超过其他所有可再生能源的总和，包括风电(5.6%)、生物能(2.2%)、太阳能光伏(1.9%)等(IHA，2018)；水电是所有能源在其整个运行周期中每度(1度=1kW·h)电排放温室气体最少的能源之一，减排了40亿t左右的温室气体(Pachauri et al.，2014)。

我国水能资源丰富，国网能源研究院有限公司(2013)数据资料显示：我国水能资源技术可开发量为5.4亿kW，经济可开发量为4.0亿kW，均列世界第一位。截至2017年底，我国水电(含抽水蓄能电站)装机容量达3.4亿kW，占总装机容量的19.2%，累计发电量达1.19万亿kW·h，占总发电量的18.6%，超过加拿大、巴西、美国三大水电国家的总和(国网能源研究院有限公司，2018a、b)。已建和在建的水电工程主要分布在十三大水电基地，包括金沙江、长江上游、雅砻江、澜沧江干流、怒江、大渡河、黄河上游、南盘江红水河、乌江、东北三省、闽浙赣、湘西、黄河北干流等(Wang and Chen，2010；周建平和钱钢粮，2011)。这些水电基地形成流域梯级水库群，为我国水资源保护和水能资源利用发挥战略性作用。

流域范围内的梯级水库具有水文、水力和电力等联系，实施联合调度能够通过库容补偿、水文补偿、电力补偿等调节作用，对洪水进行削峰、错峰以提高流域梯级整体的防洪能力，通过“蓄丰补枯”来保障人民生产、生活用水之需，提高电源质量和电网安全性(王本德等，1994；黄强，1998；马光文等，2008；陈进，2011)。流域内梯级水库规模大，尤其是近年来我国新建大型水库库容大、水头高、装机容量大、目标多且相互竞争，即便是微小的调度方式改进也可能带来巨大的经济社会效益。鉴于我国水库工程已进入由建设到管理的转型期，有必要在系统工程和最优化理论方法的指导下，以科学技术为手段，不断优化流域梯级的开发利用。

1.2 研究进展

1.2.1 水库优化调度研究

水库调度是人类调节河流天然径流分配过程以获取社会经济效益的主要手段。开展水库调度研究与人类社会息息相关，具有重大意义，因此引起国内外学者的广泛关注。水库优化调度一般需要建立问题的数学模型，确定问题的优化调度目标，采用适当的优化调度算法，在水量平衡、库容、流量以及水力和电力等约束下，进行目标极值运算或多目标分析。

就水库优化调度目标而言，有单目标调度和多目标调度之分，如发电调度、防洪调度、供水调度、生态调度等(黄强等，1999；刘攀，2005；钟平安，2006；张双虎，2007；胡和平等，2008；张洪波，2009；梅亚东等，2009；覃晖等，2009；卢有麟等，2011)。就水库优化调度算法而言，常用算法有传统的线性规划、非线性规划、动态规划，以及基于人工智能的启发式算法等(Yeh，1985；Simonovic，1992；Wurbs，1993；Labadie，2004；Loucks et al.，2005；郭生练等，2010；Baños et al.，2011)。水库优化调度近年来的研究应用情况概述如下。

1.2.1.1 水库优化调度目标

1)发电调度

水库发电调度是水利工程获取经济效益最直接、最可观的方式，也是最传统、最成熟的研究领域。水电被认为是电网调峰、调频最优质的电源选择，近年来围绕水电与其他能源协同调度以提高电源质量是研究的热点领域。例如，Li 和 Qiu(2016)构建了兼顾系统出力过程平稳与最大化发电量两个目标的水光互补联调模型，其中光伏发电通过小时日照辐射和气温数据推求，并作为水电调度的边界条件，采用非支配排序多目标遗传算法计算了不同情景下黄河龙羊峡水光互补电站的发电潜力。Wang 等(2018)提出了优化大规模水火电联调系统的解决方案，包括以年为时间跨度的月调度模块和以月为时间跨度的日调度模块，月调度模块为日调度模块提供边界条件；月调度模块包括最小化燃料消耗和最大化发电量两个调度目标，日调度模块包括最小化燃料消耗和最小化热排放两个调度目标，利用非线性规划和 ε 约束方法求得两目标的非劣解集；以云南大规模水火电联调系统为例，证明了解决方案的实用性。

2)防洪调度

汛期防洪调度对水库整体效益的发挥有决定性作用。在确保防洪安全的前提下，改变以往在整个汛期过多考虑小概率洪水事件、空置大部分可用库容的调度方式，采取如汛限水位动态控制、汛末提前蓄水等调度方式，从而提高水库综合运用效益已逐渐达成共识(邱瑞田等，2004；曹广晶，2011)。Li 等(2010)为充分利用洪水资源，提出了一种考虑入流不确定性(包括入库洪水预报误差及洪水过程线形状不确定性)的水库动态运行模型，包含预泄、蓄水、风险分析三个模块，将该模型应用于长江三峡水库汛期调度，结果表明动态控制汛限水位可在不增加防洪风险的前提下，有效提高水库发电量和洪水利用效率。Liu 等(2011)为提高水库运用效益，研究了最优蓄水调度规则，将整个洪水期划分为汛前、主汛、汛后三个时期，将蓄水时刻提前至汛后时期初，提出了一种多目标遗传算法优化蓄水调度规则，以长江三峡水库为例进行评估计算，结果表明采用其提出的蓄水调度规则及优化算法可以在确保防洪安全前提下，显著提高发电量、减少弃水损失、提高水库蓄满率。

3)供水调度

水库供水调度的研究对象可以是小到某一地区的供水问题，如黄强等(1999，2005)以供水量最大、供水净效益最大、供水保证率最大为目标，建立了多水源联合优化模型，研究了西安市供水水源优化调度问题；也可以是大到某一流域的水资源配置问题，如 Wei 等(2004)建立了自适应控制模型，研究了黄河流域水资源分配的问题；甚至可以是跨流域的调水问题，如游进军等(2008)以国内南水北调等跨流域调水工程为例，开展了研究评述和展望。已有研究一般通过优化计算，确定水库运行的对冲规则，原则上不仅要平衡受水地区当前的缺水状况，而且要为远期供水预留一定的蓄水量，避免灾难性缺水情景发生(Tu et al.，2008)。这是因为在旱季，受水地区一次灾难性缺水带来的后果比长期轻微供水不足产生的影响要严重许多(Lund and Reed，1995)。

4)生态调度

筑坝运行后改变了天然河流水文周期特征，阻断了河流物质通量，改变了水生物生存条件，造成诸多方面的生态影响。近年来，开展水库生态调度消除不利影响已逐渐发展成为学科研究的热点、焦点。根据国内外研究进展，生态调度研究包括河流生态需水量调度、模拟生态洪水调度、控制泥沙调度、防治水污染调度等诸多内容(蔡其华，2006；董哲仁等，2007)。为满足筑坝河流下游生态基流，胡和平等(2008)提出一种基于生态流量过程线的水库调度方法，以黄河某子流域水电站为例，分析得出达到保证河道不断流、保护生态湿地、维持河道景观、保证水质等各目标所需的流量过程线，综合出可以解决或缓解多方面生态环境影响的生态流量过程线；以水电站年发电量最大作为调度目标，以生态流量过程线作为约束条件，做调度计算分析，得出合理调度可以实现兼顾生态保护与经济效益的结论。为模拟生态洪水，康玲等(2010)采用 Factor-criteria 系统重构分析方法将洪水过程分成不同要素，根据多年监测资料，分析四大家鱼产卵时的水位上涨幅度、水位日上涨率、上涨持续时间等要素，综合得到适合四大家鱼产卵的水文学条件，通过建立汉江丹江口水库生态调度模型，选取历史典型年进行情景计算分析，证明开展水库人造洪水调度可满足四大家鱼产卵环境。在过去半个世纪建造的全球水库中，大约有 1000 亿 t 泥沙沉积(Syvitski et al.，2005)，造成全球水库年库容损失 0.5%～1.0%(White，2010)，以及水库下游河道泥沙通量显著减少(Gupta et al.，2012)。为减少库区泥沙淤积，实践中通常采用“蓄清排浑”的调度方式，利用洪水期占全年大部分的径流量将大部分泥沙输移至下游，一定程度上减少了泥沙淤积，改善了下游生态条件(Wang et al.，2005；Wang and Hu，2009)。为防治水污染、平衡水库上下游营养物质通量，Zhou 等(2013，2015)收集了历史水沙数据以及三峡蓄水前后的磷通量数据，研究了三峡等水库修建对长江中下游磷通量的影响，以及生态系统对磷通量变化的响应。

5)多目标调度

水库运行一般涉及多个相互竞争的调度目标。对于决策者，水库多目标运行的帕雷托解集(Pareto set of solutions)要比单一解更有助于决策管理。求解多目标优化问题的传统方法是，借助加权或 ε 约束方法，使用传统数学规划，通过执行多次模型计算找到帕雷托解集。练继建等(2004)建立了多沙河流水库水沙联调的多目标规划模型，采用神经网络算法模拟预测水库泥沙淤积量，采用遗传算法优化黄河中下游三门峡水库调度，采用线性加权法将水库发电与排沙两个目标转化为统一的目标，通过赋予不同权重值得出两个目标的非劣解集。Si 等(2018)采用 ε 约束方法研究了黄河上游梯级水库发电极大性与稳定性的权衡关系。另一种是近年来较为流行的进化类优化方法，采用该方法可以通过执行一次模型计算找到帕雷托解集。其中，较为流行且广泛应用的有 NSGA-Ⅱ(non-dominated sorting genetic algorithm-Ⅱ)，它由 Deb 等(2002)提出，能有效降低计算复杂度，采用精英保留策略，计算速度快、收敛性较好、非支配解分布广泛，基于种群的计算特点使其一次计算可得到数个帕雷托最优解。Suen 和 Eheart(2006)基于中级干扰假设，提出了生态流量过程范式，通过综合几种生态水文指标，构建了筑坝河流的生态调度目标，采用 NSGA-Ⅱ对人类与生态需水进行多目标优化分析。Xu 等(2015)认为要获取水电系统的最大效益，需考虑短期调度对长期调度的影响，提出最小化下泄水总量与最大化系统储能两个目标的短期调度模型，采用 NSGA-Ⅱ优化梯级水库日运行方式，将求解得到的非支配解代入长期调度模型，采用动态规划优化梯级水库月运行方式得出长期发电效益，以清江梯级水库为例，以历史径流过程为模型输入，得出不同水文年，不同短期调度策略对长期调度的发电影响。另外，覃晖等(2009)提出一种基于自适应柯西变异的多目标差分进化算法，以坝前最高水位最低、坝后最大泄流最小、汛末水位靠近汛限水位作为防洪调度目标，以历史洪水过程作为输入条件优化三峡水库防洪调度，证明了所提算法能够有效提高求解质量和速度，改进了传统方法多目标不可公度、候选调度方案少、方案间非支配性差等缺陷。

1.2.1.2 水库优化调度算法

1) 线性规划

线性规划(linear programming，LP)是水资源领域使用最广泛、最高效的优化求解方法(Yeh and Becker，1982；Needham et al.，2000；Tu et al，2003)。LP 算法擅长处理高时空维问题，无须初始解，计算结果在理论上有全局最优性保证；但是 LP 算法要求数学模型的目标函数和约束条件都为线性关系。为适应非线性的水库调度目标，如水库发电调度，一般需要通过分段线性、一阶泰勒展开等方法对非线性关系做线性逼近。Barros 等(2003)建立了巴西水电系统 75 座水电站联合调度的优化模型，该系统装机容量达 69375MW，所供电力占全国电力供应量的 92%；使用线性化策略处理非线性模型并应用 LP 算法求解；以 LP 算法的计算结果作为序列线性规划(sequential linear programming，SLP)的初始策略，提高了求解质量和收敛速度。

2) 非线性规划

非线性规划(nonlinear programming，NLP)可以求解目标函数或约束条件中包含非线性关系的优化问题；但是 NLP 算法要求优化模型可微且连续，计算时间长且内存代价大(Chu and Yeh，1978; Tejada-Guibert et al.，1990; Catalão et al.，2006)，另外水库发电调度模型的强非凸性(Tauxe et al.，1980)使全局搜索陷入困境。Zambon 等(2011)开发了优化巴西水火电系统联合调度的模型 HIDROTERM，该模型包含 127 个水电站及一些火电站，它们生产的电力通过统一的电网输送到全国的电力消费中心；优化模型的目标是最小化发电量与电网负荷需求之差，考虑了包括跨流域调水、多用途供水以及生态环境等诸多复杂约束，通过调用优化软件 GAMS 的 NLP 算法求解器得到计算结果；模型高效且实用，可用于水电系统规划、扩容、长期调度方式制定及多目标分析等诸多方面的研究。

3) 动态规划

动态规划(dynamic programming，DP)由 Bellman(1957)提出，用于优化多阶段决策过程问题。如果多阶段决策过程问题的每一个阶段返回值独立，满足单调、可分解的条件(Nemhauser，1966)，那么原问题就可以分解为一系列单阶段决策问题，并利用 DP 算法的递推方程一次两个阶段地递推求解。水库优化调度符合多阶段决策过程问题的特征，DP 算法对水库调度的强非线性、可行区间动态变化等特征有较好的应对能力，求解复杂度随计算时段数的增加而线性增加，因而 DP 算法在水库优化调度中得到了广泛应用(Young，1967; Hall et al.，1968；Bhaskar and Whitlatch，1980；Yakowitz，1982；梅亚东，2000；Chandramouli and Raman，2001；Mousavi and Karamouz，2003；陈洋波和胡嘉琪，2004；Zhao et al.，2012)。使用离散形式的 DP 算法求解梯级水库优化调度问题时，每个水库的有效库容被离散为有限数量个库容状态，经枚举所有阶段、所有水库的库容状态组合，可以保证问题在离散形式下的全局最优性。然而众所周知的维数灾问题(Bellman，1961)限制了 DP 算法在多水库问题中的应用，这是因为当水库数增加时状态空间将指数增加。急剧增加的状态空间将导致计算内存需求超过现代计算机的硬件容量(Mousavi and Karamouz，2003；Labadie，2004)。为缓解 DP 算法的维数灾问题，DP 算法的变化体，如增量动态规划(incremental dynamic programming，IDP)(Larson，1968)、动态规划逐次优化(dynamic programming successive approximations，DPSA)(Larson and Korsak，1970)、离散微分动态规划(discrete differential dynamic programming，DDDP)(Heidari et al.，1971；纪昌明和冯尚友，1984)、增量动态规划逐次优化(incremental dynamic programming successive approximations，IDPSA)(Trott and Yeh，1973)、逐步优化算法(progressive optimality algorithm，POA)(Turgeon，1981)等方法被相继提出。这些变化体大都通过减少状态空间，在给定初始解的前提下通过迭代来逼近最优解，在多水库问题中得到广泛应用。然而当水库数量进一步增加时高维问题仍不可避免，尤其是计算内存过大的问题，可能导致DP类算法在单机上无法执行。Mousavi和Karamouz(2003)采用DP算法对伊朗的五水库系统进行长期调度方式研究，通过识别和避免不可行库容状态组合的无效计算来减少DP算法求解梯级水库优化调度问题的计算时间。Guo等(2011)对三峡和清江梯级联合调度开展研究，考虑了常规调度、梯级单独优化调度和联合优化调度三种调度模式，优化模型以发电量最大和发电效益最大作为调度目标，模型输入是1982～1987年的日径流资料，调度期内包含丰、平、枯三种年份，使用POA算法求解并分析了联合优化调度的库容和电力补偿效益，研究表明三峡和清江梯级水库联合运行能够增加发电量及发电效益、减少弃水。

4)启发式算法

随着计算机技术和人工智能的进步，一类基于模拟自然现象或生物规律的启发式算法得到发展并在水库优化调度中得到研究应用，它们当中比较典型的代表有遗传算法(genetic algorithm，GA)(Oliveira and Loucks，1997；马光文和王黎，1997；Wardlaw and Sharif，1999；畅建霞等，2001；刘攀等，2006；陈立华等，2008)、粒子群算法(particle swarm optimization，PSO)(Kumar and Reddy，2007；张双虎等，2007；王少波等，2008)、蚁群算法(ant colony optimization，ACO)(徐刚等，2005；Kumar and Reddy，2006)、模拟退火算法(simulated annealing，SA)(Teegavarapu and Simonovic，2002)和人工神经网络(artificial neural network，ANN)(胡铁松等，1995；Jain et al.，1999)。这些启发式算法的优点在于它们对问题的数学模型没有具体要求，通用性和鲁棒性强，且对传统数学规划难以求解的强非线性、不可微、不连续等问题有很好的寻优能力。但是，这些方法一般随机性较强，计算结果不稳定，随水库数和计算时段数的增加求解复杂度指数增加(刘攀等，2007)，不时出现“早熟”收敛问题(Nicklow et al.，2009)，搜索性能很大程度上依赖于给定的模型参数，需要在使用前做大量参数敏感性分析。Zhang等(2014)建立了优化梯级水库联合运行的长期调度模型，针对梯级水库的复杂求解特征，提出一种多精英向导的PSO算法，通过引入一些适应水库调度问题特征的求解策略来减少问题维数和处理复杂的时空耦合约束；应用该算法优化长江上游及其主要支流的十五座电站的联合调度运行，计算了丰、平、枯三种年份梯级电站补偿调节带来的增发电量。

5）组合算法

不同优化算法优缺点各异，组合应用能够实现优势互补。比较典型的组合算法有：①令一种算法为另一种算法提供初始解，例如，Barros 等(2003)采用 LP 算法为 NLP 算法提供初始解，梅亚东等(2007)采用 DP 算法为 DDDP 算法提供初始解，Li 等(2012)采用 IDP 算法为 GA 算法提供初始解；②令一种算法作为另一种全局优化算法的局部搜索算子，例如，张永永等(2008)将 SA 算法作为 GA 算法的局部搜索算子，申建建等(2009)将 SA 算法作为 PSO 算法的局部搜索算子；③令一种算法求解其适应的问题，另一种算法求解其适应的子问题，例如，Becker 等(1976)开发了美国加利福尼亚州中央流域工程的调度模型，工程的调度方式是依次执行年优化、月优化和日优化三层优化(其中上一层模型为下一层模型提供控制边界)，求解模型的核心算法是迭代 LP 算法组合 IDPSA 算法；Cai 等(2001)提出一种 GA-LP 算法，通过识别并采用 GA 算法优化大规模、非线性水资源问题中的复杂变量，使剩余变量构成线性模型并采用 LP 算法进行优化。

6）LINGO 软件应用

LINGO(LINDO Systems Inc.，2015)作为最流行的优化软件之一，已广泛应用于水库系统优化调度问题。Sharif 和 Swamy(2014)采用了 LINGO 的 LP 算法、分支定界算法(Branch and Bound，BNB)及 DDDP 算法，求解了具有线性目标函数以及调整的非线性目标函数的经典四水库问题，结果表明无论求解线性目标函数还是非线性目标函数，在求解质量和求解速度方面，LINGO 的内嵌算法都优于 DDDP 算法。Arunkumar 和 Jothiprakash(2012)构建了最大化水库发电量的模型，采用 LINGO 的 Global 求解器优化和分析不同水文年及约束条件的情景组合；该问题中决策变量数以十计，但是 Global 求解器难以在可接受的计算时间内，求解高维复杂非线性问题。Salami 和 Sule (2012)构建了以发电量最大化为目标的 LP 模型来概化现实水电系统，采用 LINGO 的 LP 求解器求解多种计算情景，以此来改进水库调度规则。Alemu 等(2010)开发了一个包含仿真和优化两个模块的水库调度决策支持系统，其中优化模块以 LINGO 的 LP 模型表达，通过 Microsoft Excel 进行数据交换；线性表达尽管具有一定优势，如模型易于求解、可保证求解结果全局最优，但是非线性表达才能够更好地描述现实问题；利用优化软件，如 LINGO 强大的计算性能，并与大型数据管理系统相结合，可提供一种综合解决方案，或许是更好的选择。

1.2.2　水电站机组组合优化研究

机组组合(unit commitment)优化问题，一般是研究一个短时调度期内，发电机组的开关次序以及荷载分配情况，使发电公司的运行成本最小或发电效益最大；具有高维、非线性等特征，涉及混合整数、组合优化等内容，求解极其复杂(Carrión and Arroyo，2006)。如何建立精确且能够高效求解的优化模型一直是机组组合优化问题研究的焦点。求解机组组合优化问题的传统方法有优先表法(Burns and Gibson，1975)、DP算法(Snyder et al.，1987)、拉格朗日松弛法(Virmani et al.，1989)；启发式算法有SA算法(Zhuang and Galiana，1990)、ANN(Sasaki et al.，1992)、GA算法(Kazarlis et al.，1996)、进化规划(Juste et al.，1999)、PSO算法(杨俊杰等，2005；程春田等，2008)。不同方法各具优势与不足，一些学者将不同方法结合使用以期获得更好的求解效果(Su and Hsu，1991；Mantawy et al.，1999；Cheng et al.，2000；Padhy，2004)。详尽的文献综述可参考Sheble和Fahd(1994)、Padhy(2004)。水电站机组组合(hydro unit commitment)优化从属于水电站短期调度，只是需要考虑水电站机组的运行状态。研究的主要困难表现在考虑变化水头对发电的影响以及精确模拟非线性、非凸性的机组出力特征曲线(机组出力特征曲线通常用水头、发电流量、出力三者的函数关系表示)，同时满足计算时间可行。

近年来，一些学者围绕水电站机组组合优化问题开展的研究工作主要如下。Chang等(2001)构建了一种MILP模型，假设水库水头恒定，将机组发电流量和出力的非线性关系用分段线性化方法逼近为凸的分段线性曲线，应用提出的MILP模型求解新西兰和瑞士的梯级水电站短期调度问题。Conejo等(2002)采用MILP模型，考虑水头变化对机组出力的影响，将一组密集的机组出力特征曲线离散为几条稀疏曲线，每一条曲线用更精确的非凸分段线性曲线来逼近机组发电流量和出力的关系，用0/1变量确定靠近水库运行水头的出力特征曲线及曲线上的插值区间，应用提出的MILP模型求解西班牙某梯级水电站短期调度问题。Borghetti等(2008)采用MILP模型，在Conejo等的基础上，经水头和发电流量二维插值得到机组出力，提高了模型的模拟精度，应用提出的MILP模型求解意大利某水电站短期调度问题。Catalão等(2009)构建了一种NLP模型求解葡萄牙某梯级水电站短期调度问题，为考虑变化水头对发电的影响，假设水电站的发电效率是水头的线性函数、水头是上下游水库库容的线性函数、最大下泄流量是水头的线性函数，基于这些假设，将水力发电计算模型表示为发电流量和上下游水库库容的非线性函数、最大下泄流量表示为上下游水库库容的线性函数；NLP 模型在 MATLAB 环境下开发，通过调用 Xpress-MP 求解器得到优化结果，并与 LP 模型的计算结果进行对比分析(其中 LP 模型在计算中忽略水头变化的影响)，结果表明 NLP 模型在计算时间较 LP 模型增加甚微的情况下，可得到较 LP 模型更高的发电效益。Diaz 等(2011)提出一种混合整数非线性规划(mixed integer nonlinear programming，MINLP)方法求解西班牙某梯级水电站短期调度问题；将机组出力效率模拟为水头和发电流量的二次函数，从而可以把机组发电计算模型构造为一个连续的非线性函数；结果表明就求解精度而言，MINLP 模型要胜过 Conejo 等构建的 MILP 模型；原则上讲，MINLP 模型能够捕捉水电站机组组合优化问题的所有非线性特征，因此 MINLP 模型是所有模型中精度最高的，然而 MINLP 模型的求解难度也是最大的。Arce 等(2002)研究了巴西的大型、多机组伊泰普水电站的机组组合优化问题，当时伊泰普水电站安装有 18 台容量为 700MW 的机组，总装机容量达 12600MW(目前伊泰普水电站的机组台数已增至 20 台，总装机容量增至 14000MW)；研究的主要内容是权衡最小化机组开关次数和最小化发电损失两个目标；研究基于两个假设：一是假设水库坝前水位恒定，忽略水量平衡方程以及库容和坝前水位关系；二是由于每台机组机型相同，假设为每台机组分配相同的发电流量。

我国大型水电站具有多机组、异机型、变水头等特征，上述研究成果的一些假设并不直接适用于我国水电站情况，以三峡水电站机组组合优化问题为例，问题的主要特征有：①虽然三峡水库库容巨大，但是日最大水位变幅允许达到 5m，因此水头恒定假设不适用；②水头和库容关系、水头和最大发电流量关系等为非线性，因此线性假设不适用；③三峡水电站安装有多种类型的发电机组，运行状态各异，因此采用一个简化的发电效率来描述所有机组的发电特征或者将发电效率表达为水头的线性函数这些假设不适用。由于上述原因，在研究中需要考虑新的建模求解方法。

1.2.3 水库调度领域并行计算研究

水库调度问题的时空域很大，优化模型可能包含成千上万个决策变量和约束条件，直接求解可能会受到单机计算时间过长或计算内存过大的限制(Yeh，1985)。以往研究工作不得不在计算可行性和模拟可靠性之间做出取舍，如为克服维数灾问题，已有成果大都借助一些简化、逼近或时空降维方法，然而这些方法或多或少地降低了模型精度，这与精确模拟和最优利用的期望不相称。单机物理硬件的限制以及大规模计算的需求，已经推动并行计算在许多学科领域广泛研究和成功应用(Pool，1992)。虽然并行计算在水资源领域应用已不新鲜(Bastian and Helmig，1999；武新宇等，2004；Cheng et al.，2005；Kollet and Maxwell，2006；Tang et al.，2007；Wang et al.，2011；Li et al.，2011a；Rouholahnejad et al.，2012；Wu et al.，2013)，但是具体到水库优化调度问题可以说仍处于起步阶段(Sulis，2009)，已有研究可分为并行种群类算法和并行 DP 类算法两类。

并行种群类算法：Chen 和 Chang(2007)针对传统 GA 算法“早熟”收敛问题，提出一种实数编码的超立方体分布式 GA 算法，包含 8 个子种群(也即 8 个计算进程)，以经典四水库问题为例测试算法性能，而后应用该算法对中国台湾现有两水库和远期三水库系统进行长期调度研究。陈立华等(2010)提出了基于单向环迁移拓扑策略以及基于自适应调整子群间交流信息周期策略的并行 GA 算法，应用该算法求解雅砻江梯级水库优化调度问题，比较并分析了不同算法的效用，其中并行 GA 算法调用了 4 个计算进程。李想等(2012)采用基于双向环迁移拓扑的粗粒度并行 GA 算法，优化三峡梯级水库运行，调用多达 8 个计算进程，对并行 GA 算法的计算结果、收敛性能和并行性能进行分析。刘本希等(2012)提出一种并行 GA 算法，引入禁忌搜索避免适应度函数重复计算、提高计算效率，应用该算法在 8 核计算环境下求解红水河流域 10 座水电站长期发电优化调度问题。陈立华等(2011)研究了粗粒度并行 PSO 算法，考虑单向环迁移交流局部最优解和局部最优解间距离选择信息交流对象两种策略，以金沙江和雅砻江混联水库优化运行为例测试该算法，并行算法调用了 3 个计算进程。廖胜利等(2013)提出一种并行 PSO 算法，应用该算法在 8 核计算环境下求解乌江流域 12 座水电站长期发电优化调度问题。

并行 DP 类算法：Piccardi 和 Soncini-Sessa(1991)探索了水库库容离散精度及径流相关性对随机 DP 算法求解可靠性的影响，应用并行计算求解单水库优化调度问题；并行化依赖于向量编译器(vectorizing compiler)或并行编译器(parallelizing compiler)。万新宇和王光谦(2011)应用主从模式的并行 DP 算法优化水布垭单库发电调度，计算调用 2 个计算进程。程春田等(2011)提出一种细粒度并行 DDDP 算法，调用多达 16 个计算进程，求解澜沧江梯级 6 个水电站长期优化调度问题。郑慧涛(2013)对 DP 算法、POA 算法分别进行并行化处理，比较了不同控制参数对并行算法计算性能的影响，研究基于 3 台通过局域网连接的个人计算机构成的 12 核计算环境。

并行计算在水库优化调度领域的研究现状表明：①并行计算结合适当的并行化策略优化计算，能够充分利用计算资源，提高求解效率；②并行计算能够有效避免种群类优化算法(如 GA、PSO 算法等)的“早熟”收敛问题，提高求解质量；③多数研究基于共享式内存或小型并行计算环境，在分布式内存或高性能并行计算环境中的研究应用仍需挖潜，共享式内存和分布式内存两者的主要差别在于，共享式内存并行计算机中各处理单元通过对共享内存的访问交流信息，内存不可无限扩展，而分布式内存并行计算机中各处理单元通过消息传递交流信息，内存可扩展(都志辉，2001)，简而言之，分布式内存并行计算机可以实现分布计算和分布存储；④主从模式是并行 DP 算法的一种常用策略，其中主进程控制整个 DP 算法的流程，调用从进程计算并返回目标函数值，将所有变量存储在主进程的内存中，主从模式的并行策略仅能够减少 DP 算法的计算时间，忽略了 DP 算法可能因计算内存过大而在单机或共享式内存并行计算机上无法执行的问题。

在我国水电行业由建设到管理的关键转型时期，迫切需要发展并行计算技术为科学管理注入新力量，通过高性能计算的武装设计或发展一些较为通用、实用且高效的水库调度方法(Cheng et al.，2012a)。

1.3 研究对象

本书的研究对象有长江上的三峡、葛洲坝，以及清江上的水布垭、隔河岩和高坝洲五座水电站。这里将三峡-葛洲坝简称为三峡梯级，水布垭-隔河岩-高坝洲简称为清江梯级，五座水库简称为三峡-清江梯级。

1.3.1 三峡梯级

三峡水利枢纽是当今世界最大的水利枢纽工程，坝址位于湖北省宜昌市三斗坪镇，具有防洪、发电、航运、抗旱等综合功能。1994 年 12 月，三峡工程正式动工修建。2003 年 6 月，三峡工程开始蓄水，第 1 台水轮发电机组投入运行。2010 年 10 月，三峡工程坝前水位第一次达到正常蓄水位 175m，也就是总库容为 393.0 亿 m^3。2012 年 7 月，第 32 台(最后一台)发电机组投入运行，总装机容量达到 22500MW(32 台 700MW 的水轮发电机组和 2 台

50MW 的电源机组)。三峡工程坝址处多年平均径流量为 4304 亿 m^3，占长江总径流量的 48.2%，多年平均发电量为 905 亿 kW·h(水利部长江水利委员会, 2016)。三峡工程防洪库容为 221.5 亿 m^3，以确保大坝主体结构安全以及在发生设计洪水(千年一遇)或特大洪水(万年一遇)时长江中下游河段防洪安全。

葛洲坝水利枢纽的坝址位于三峡工程下游 38km，除具有发电和航运效益外，主要担负三峡水库的反调节任务，改善三峡至葛洲坝段水流流态。葛洲坝工程坝顶高程为 70m，总库容为 7.1 亿 m^3，电站总装机容量为 2757MW。

三峡梯级水库的主要特征指标如表 1.1 所示。

表 1.1 三峡梯级水库的主要特征指标

指标	单位	水库	
		三峡	葛洲坝
坝顶高程	m	185	70
正常蓄水位	m	175	66
死水位	m	145	63
总库容	亿 m^3	393.0	7.1
死库容	亿 m^3	171.5	6.3
有效库容	亿 m^3	221.5	0.8
机组台数	台	32	21
装机容量	MW	22500	2757
调节性能	—	季调节	日调节

1.3.2 清江梯级

水布垭工程的坝址位于湖北省恩施土家族苗族自治州巴东县，以发电为主，兼顾防洪、航运等效益。水布垭工程是清江干流中下游河段三级开发的龙头梯级。水布垭工程坝顶高程为 409m，总库容为 43.0 亿 m^3，电站总装机容量为 1840MW。

隔河岩工程的坝址位于长阳土家族自治县城上游，上距水布垭工程 92km，以发电为主，兼顾防洪、航运等效益。隔河岩工程坝顶高程为 206m，总库容为 30.2 亿 m^3，电站总装机容量为 1200MW。

高坝洲工程的坝址位于宜都市境内，上距隔河岩工程 50km，下距清江与长江交汇点处 12km，以发电为主，兼有航运、水产等效益。高坝洲工程坝顶高程为 83m，总库容为 4.0 亿 m^3，电站总装机容量为 270MW。

清江梯级水库的主要特征指标如表 1.2 所示。

表 1.2　清江梯级水库的主要特征指标

指标	单位	水库		
		水布垭	隔河岩	高坝洲
坝顶高程	m	409	206	83
正常蓄水位	m	400	200	80
死水位	m	350	160	78
总库容	亿 m^3	43.0	30.2	4.0
死库容	亿 m^3	19.0	18.7	3.5
有效库容	亿 m^3	24.0	11.5	0.5
机组台数	台	4	4	3
装机容量	MW	1840	1200	270
调节性能	—	多年调节	年调节	日调节

1.3.3　水电站动力特性

1.3.3.1　三峡梯级

三峡水电站的发电机组中，14 台安装于左岸电站，12 台安装于右岸电站，6 台安装于地下电站。尽管 32 台机组的额定出力相同，均为 700MW，但由于生产厂家不同，机组出力特征曲线不尽相同。图 1.1 为三峡水电站的机组分布示意，共有 7 种类型的机组分布在 3 个电站中：#1～#3 和#7～#9 为 VGS 型机组；#4～#6 和#10～#14 为 ALSTOM Ⅰ 型机组；#15～#18 为东电 Ⅰ 型机组；#19～#22 为 ALSTOM Ⅱ 型机组；#23～#26 和#31、#32 为哈电机组；#27、#28 为东电 Ⅱ 型机组；#29、#30 为 ALSTOM Ⅲ型机组。它们的出力特征曲线如图 1.2(a)～(g)所示。

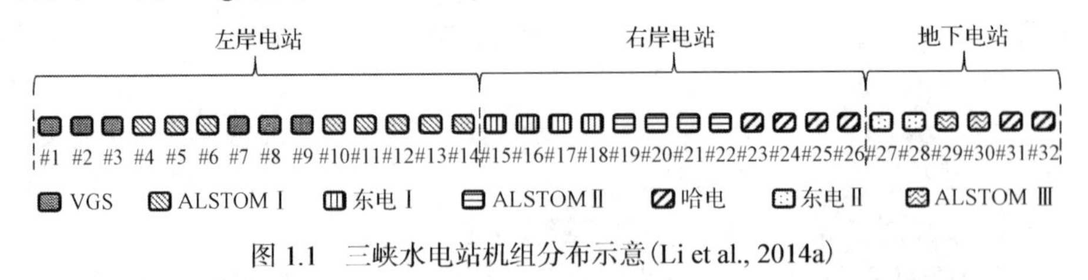

图 1.1　三峡水电站机组分布示意(Li et al., 2014a)

葛洲坝水电站的发电机组中，7 台安装于二江电站，14 台安装于大江电站。图 1.3 为葛洲坝水电站的机组分布示意，共有 4 种类型的机组分布在 2 个电站中：#1、#2 为 170MW 机组，#3 为 146MW 哈电机组，#4～#13 和#15～

#21为125MW机组，#14为146MW东电机组。它们的出力特征曲线如图1.2(h)～(k)所示。

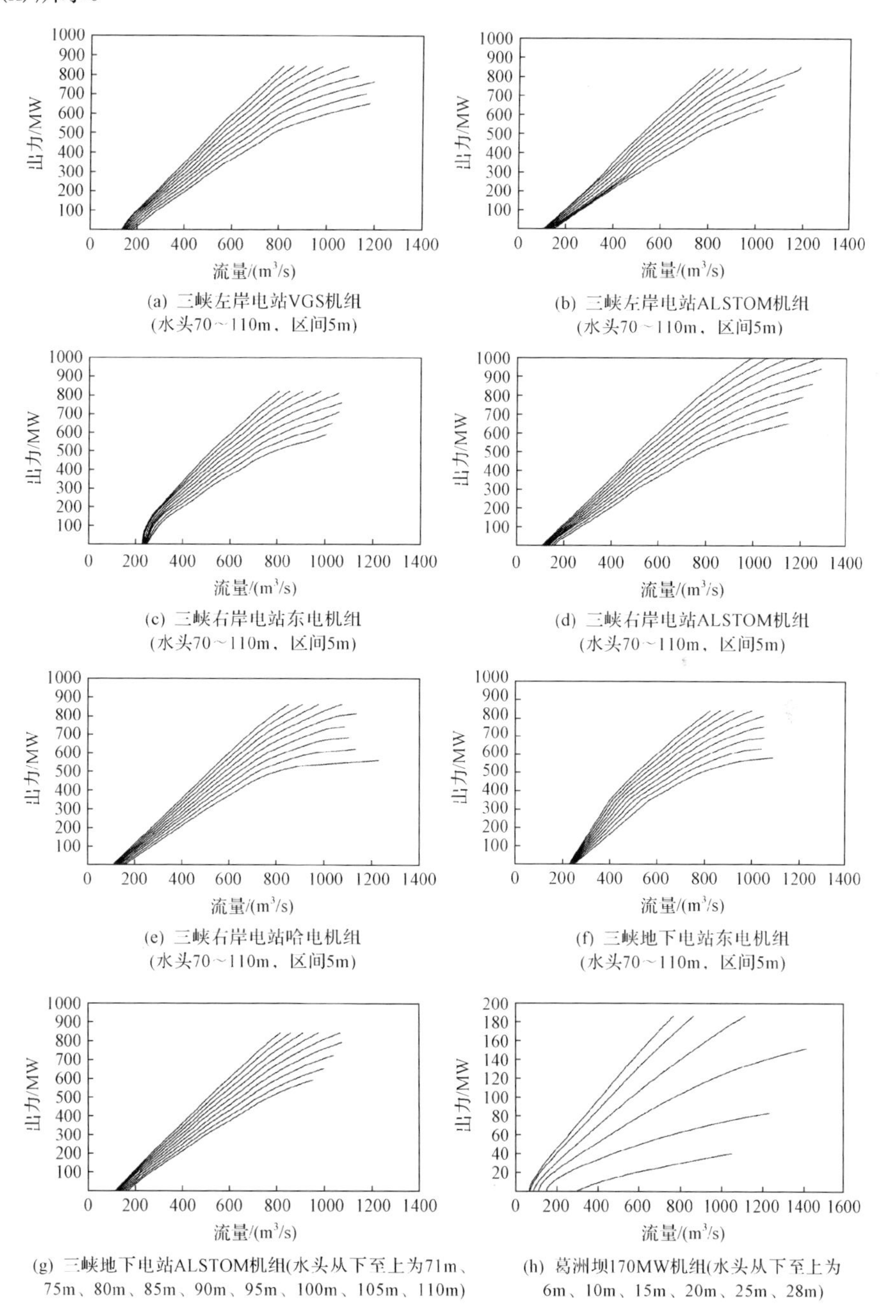

(a) 三峡左岸电站VGS机组
(水头70～110m，区间5m)

(b) 三峡左岸电站ALSTOM机组
(水头70～110m，区间5m)

(c) 三峡右岸电站东电机组
(水头70～110m，区间5m)

(d) 三峡右岸电站ALSTOM机组
(水头70～110m，区间5m)

(e) 三峡右岸电站哈电机组
(水头70～110m，区间5m)

(f) 三峡地下电站东电机组
(水头70～110m，区间5m)

(g) 三峡地下电站ALSTOM机组(水头从下至上为71m、75m、80m、85m、90m、95m、100m、105m、110m)

(h) 葛洲坝170MW机组(水头从下至上为6m、10m、15m、20m、25m、28m)

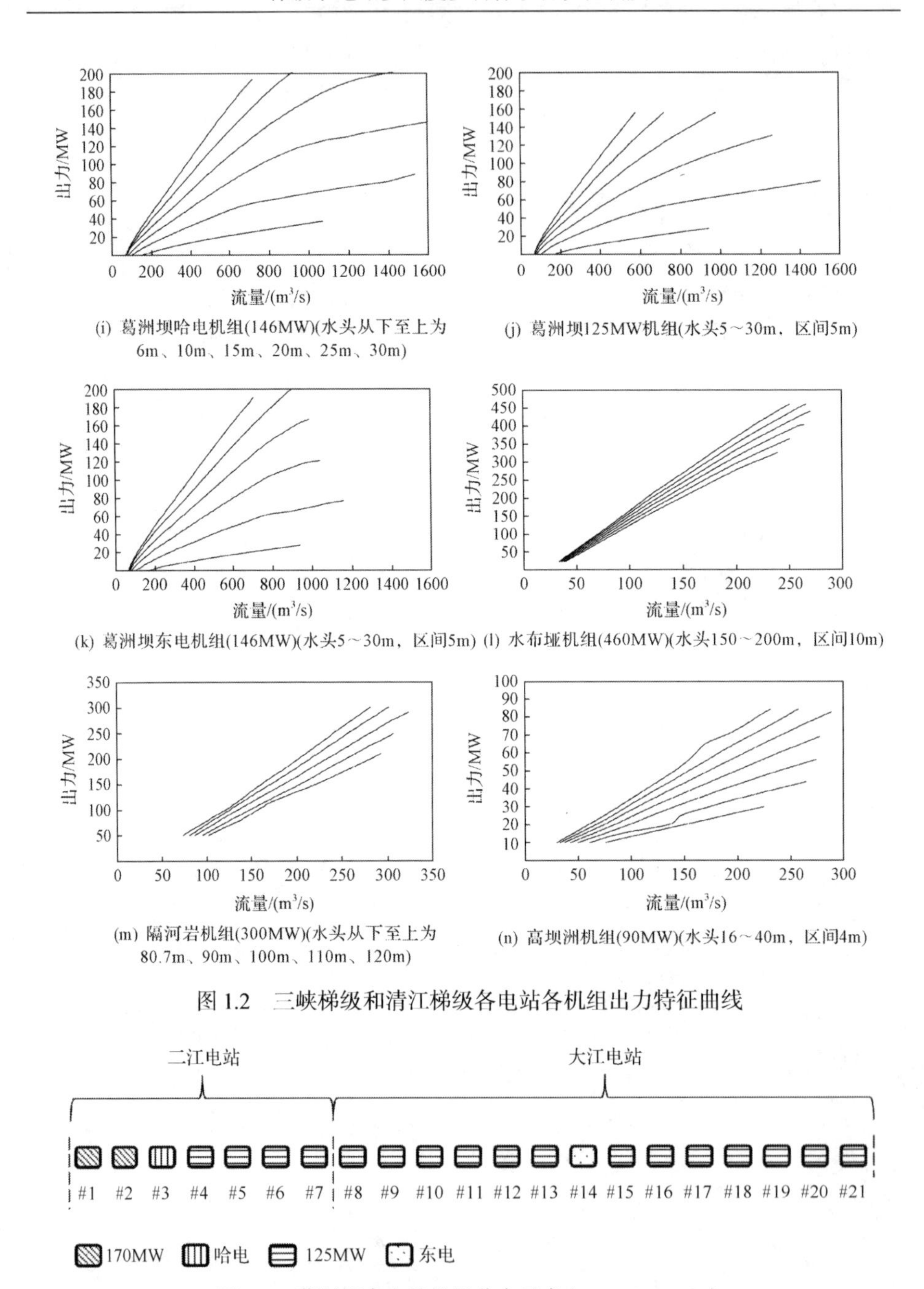

(i) 葛洲坝哈电机组(146MW)(水头从下至上为6m、10m、15m、20m、25m、30m)

(j) 葛洲坝125MW机组(水头5～30m，区间5m)

(k) 葛洲坝东电机组(146MW)(水头5～30m，区间5m)

(l) 水布垭机组(460MW)(水头150～200m，区间10m)

(m) 隔河岩机组(300MW)(水头从下至上为80.7m、90m、100m、110m、120m)

(n) 高坝洲机组(90MW)(水头16～40m，区间4m)

图 1.2　三峡梯级和清江梯级各电站各机组出力特征曲线

图 1.3　葛洲坝水电站机组分布示意(Li et al., 2013a)

1.3.3.2 清江梯级

水布垭水电站安装有 4 台同型号额定出力为 460MW 的发电机组，出力特征曲线如图 1.2(l)所示。

隔河岩水电站安装有 4 台同型号额定出力为 300MW 的发电机组，出力特征曲线如图 1.2(m)所示。

高坝洲水电站安装有 3 台同型号额定出力为 90MW 的发电机组，出力特征曲线如图 1.2(n)所示。

1.3.4 调度规程

1.3.4.1 三峡梯级

本书参考的是 2009 年发布的《三峡(正常运行期)-葛洲坝水利枢纽梯级调度规程（试行版）》(中国长江三峡集团有限公司，2009)。需要说明的是，《三峡(正常运行期)-葛洲坝水利枢纽梯级调度规程》于 2015 年正式出版(中国长江三峡集团有限公司，2015)。

三峡水位控制条件：在汛期，发电服从于防洪，每年 5 月末至 6 月上旬，坝前水位逐步消落至 145.0m；6 月中旬至 9 月上旬坝前水位维持在防洪限制水位 145.0m，除非水库调蓄大洪水致坝前水位抬高；汛后 9 月中旬，水库蓄水，坝前水位逐步抬升至 175.0m；在枯水期，坝前水位逐步消落至 155.0m。

三峡流量控制条件：最小下泄流量 9 月取 8000m^3/s，10 月上、中、下旬分别取 8000m^3/s、7000m^3/s、6500 m^3/s，其他时段取 5500～6000m^3/s；最大下泄流量应依照下游城市防洪要求控制，使得枝城流量不超过 56700m^3/s，沙市水位不超过 43m。

葛洲坝水位流量控制条件：坝前水位控制范围为 63.5～66.5m；其他条件一般服从于三峡。

表 1.3 为三峡梯级水库的调度规程。

1.3.4.2 清江梯级

水布垭水位和流量控制条件：坝前水位在汛期 6、7 月以防洪限制水位 391.8m 控制，5 月下旬、8 月上旬以 397.0m 控制，其他时期以正常高水位 400.0m 和死水位 350.0m 控制；最小下泄流量考虑基本用水需求。

表 1.3　三峡梯级水库的调度规程

运行条件	时期	三峡	葛洲坝
坝前水位/m	非汛期	155.0～175.0	63.5～66.5
	汛期	144.9～146.0	
坝前水位日变幅/m	供水期	–1.0～5.0	–3.0～3.0
	汛期	–1.1～1.1	
	消落期	–1.0～1.0	
	蓄水期	0.0～5.0	
最小下泄流量/(m³/s)	其他	5500～6000	5300
	9 月	8000	
	10 月上、中、下旬	8000、7000、6500	
最大泄流能力/(m³/s)	—	101700	116430

隔河岩水位和流量控制条件：坝前水位在汛期 6、7 月以防洪限制水位 192.2m 控制，其他时期以正常高水位 200.0m 和死水位 160.0m 控制；最小下泄流量考虑基本用水需求。

高坝洲水位和流量控制条件：坝前水位控制范围为 78.0～80.0m；最小下泄流量考虑基本用水需求。

表 1.4 为清江梯级水库的调度规程。

表 1.4　清江梯级水库的调度规程

运行条件	时期	水布垭	隔河岩	高坝洲
坝前水位/m	非汛期	350.0～400.0	160.0～200.0	78.0～80.0
	汛期	350.0～391.8	160.0～192.2	
		350.0～397.0		
最小下泄流量/(m³/s)	—	14	15	22
最大泄流能力/(m³/s)	—	13200	18000	18400

除此之外，还有其他水库或机组资料，如各水库库容-坝前水位关系曲线、各水库下泄流量-坝后水位关系曲线、各电站中各机组出力限制曲线、各电站中各机组发电流量-水头损失关系曲线等，这里从略。

1.4 研究内容

1.4.1 问题提出

水库调度问题具有时空高维的特点，一般根据时间尺度的不同划分为短期、中期和长期调度问题。其中，短期调度一般需要研究发电机组的开关次序以及荷载分配情况，使发电公司的运行成本最小或发电效益最大；中期调度可与中期水文预报结合，为短期调度提供控制边界；长期调度主要用于规划阶段或制定水库调度规则，一般基于历史水文信息。另外，水库调度还可以划分为汛期和非汛期，其中汛期调度因来水量大、目标多、效益显著，是历年调度的重中之重。随着我国梯级水库陆续建成投运，调度问题反映出一些突出特征，表现如下。

(1) 水电站短期调度的多机组、异机型、变水头和非线性出力特征等问题。我国正在建设一批大型水库，这些水库建设周期长、电站装机容量大、机组多且一般由不同厂家设计生产，导致机型不尽相同。例如，三峡水电站安装有 7 种类型的 32 台机组。另外，水库运行多年后，可能需要增加或改装机组，例如，2006 年葛洲坝二江电站#3 机组和大江电站#14 机组从 125MW 改装为 146MW。这些原因导致同一大型水电站安装有多种类型机组的问题，需要在水电站短期调度中单独考虑每一台机组的出力特征及运行情况。而且，这些大型水库在汛期承担着防洪任务，要在汛前消落至汛限水位，汛后又要蓄水至正常高水位，在消落期和蓄水期水库运行水位变幅大；而传统研究大都假设大型水库短期调度时运行水位不发生变化(Chang et al.，2001；Arce et al.，2002；程春田等，2008；王永强等，2011)。大型水库多机组、异机型、变水头的问题，以及机组非线性出力特征的问题，为水电站短期调度研究带来了新的挑战。

(2) 水文预报技术发展带来的梯级水库中期调度模型需要提高计算精度的问题。水文预报技术的发展，将为水库调度管理提供更长的预报预见期以及更准的输入条件，表现为有效预见期的延长。梯级水库规模大、水头高、库容大、电站装机容量大，简化模拟可能导致联合调度效益得不到充分发挥，因此需要提高梯级水库中期调度模型的计算精度。已有研究或应用一般采用恒定的综合出力系数描述水电站的出力特征。然而这样处理，尤其是对于数量较多且型号不同机组的水电站，可能导致水量和水头在时空上不合理的或次优的分配，造成水和水能资源的浪费，并可能为水电站短期调度提供不合理的控制边界。

(3) 梯级水库大批投运及研究多年调节水库长期调度方式带来的时空高维问题。我国大型水电工程建设如火如荼，这些大型水电工程陆续投产运行，将在流域内形成具有水力、电力等联系的梯级水库，为利用一些调节性能好的水库对调节性能差的水库进行补偿调节，需要研究多年调节方式，这将增加优化调度研究的水库数和计算时段数，也就是时空维数，从而增加计算复杂度。例如，三峡-清江梯级中的水布垭水库具有多年调节能力，以十年调度期、旬调度时段为例，只考虑有调节能力的水库参加计算，那么决策变量(即有调节能力的水库数乘以计算时段数)将达到上千个。

(4) 水库汛期调度涉及多个相互竞争目标间的协同优化问题。在汛期，为保障防洪安全，水库应限制在低水位运行，充分预留库容应对未来潜在的大洪水事件；为提高发电效益，水库应提高运行水位，从而增发电量、减少发电水耗；为减少泥沙淤积，水库应利用低水位、大流量，将库区泥沙输移至下游。目前，大多调度方案在整个汛期过多地考虑了小概率洪水事件，在洪水较小时空置了大部分可用库容，造成水库汛期弃水较多、发电耗水率大，降低了蓄满保证率或推迟蓄满时间，影响了水库综合效益的发挥。为最大化水库综合效益，一系列替代调度方案被相继提出，如提高汛限水位、汛末提前蓄水等(邱瑞田等，2004；Li et al.，2010；Liu et al.，2011；曹广晶，2011)，需要开展不同调度方案的多目标规划和权衡分析。

1.4.2 内容设置

针对上述主要问题，本书的内容设置包括以下几个部分。

第 1 章 绪论：介绍本书的研究背景、研究现状、研究对象并提出了研究问题。梯级水库对保护调配水资源和开发利用水能资源意义重大。当前我国大型水库建设如火如荼，新建梯级水库规模大、水头高、库容大、电站装机容量大、机组多且机型异、目标多且相互竞争，给科学管理带来极大挑战，需要针对新的问题特征对梯级水电站多尺度多目标联合优化调度开展研究。

第 2 章 水电站短期调度的混合整数线性规划：针对我国大型水电站短期调度的多机组、异机型、变水头和非线性出力特征等问题，以三峡水电站为例，构建一种 MILP 模型，使用优化软件 LINGO 计算得到三峡水电站不同时期的短期调度结果，以及包含离散安全运行区机组的隔河岩水电站短期调度问题的调度结果，证明提出的 MILP 模型的效用。

第 3 章 梯级水库中期调度的知识方法：针对梯级水库中期调度模型需要

提高计算精度的问题，认为在计算中需要考虑水库调度和水电站机组组合双层优化内容，并提出一种知识方法来管理和查询水电站机组组合优化结果，结合水库优化调度方法，实现梯级水库调度和水电站机组组合双重优化，以三峡梯级水库理论最大发电量计算为例，证明提出的知识方法以及双层优化方法的效用。

第 4 章　梯级水库长期调度的并行动态规划：针对梯级水库长期调度的时空高维问题，基于分布式内存并行计算机和消息传递接口(message passing interface, MPI)通信协议，提出一种并行 DP 算法，考虑分布式计算和分布式内存，能够在减少计算时间的同时缓解计算内存问题，应用提出的并行 DP 算法求解经典四水库问题和三峡-清江梯级长期联合优化调度问题，证明算法的效用。

第 5 章　水库汛期综合效益权衡的多目标规划：针对水库汛期调度涉及多个相互竞争目标间的协同优化问题，构建水库汛期防洪、发电、输沙多目标规划数学模型，并提出相应的求解策略；以三峡工程为例，使用优化软件 LINGO 计算得到设计调度方案、提高汛限水位方案、汛末提前蓄水方案三种调度方案，以及枯、平、丰三场典型洪水过程下水库多目标运行成果；以吸附于泥沙颗粒的重要环境因子——磷为例，研究水库调度对输磷量的影响。

第 6 章　基于 LINGO 的水库优化调度决策支持系统：提出一种简单的基于 LINGO 的水库优化调度决策支持系统(decision support system，DSS)设计和开发思路，DSS 具有易开发、实用性、鲁棒性、通用性、外延性等优势特征。

第 2 章　水电站短期调度的混合整数线性规划

本章以三峡水电站的短期调度(或水电站机组组合优化)问题为例进行介绍。三峡水电站安装有 32 台 700MW 的水轮发电机组，这些机组分属 7 种型号，于 2012 年 7 月全部投产运行。尽管三峡水库库容巨大，然而在现行调度规程下，每到汛前三峡水库的坝前水位必须消落至汛限水位，汛后三峡水库必须蓄水以便供水期利用，消落期和蓄水期间三峡水库坝前水位变化剧烈，对水电站机组发电有显著影响。而传统研究大都假设大型水电站短期调度运行水位不发生变化(Chang et al.，2001；Arce et al.，2002；程春田等，2008；王永强等，2011)。多机组、异机型、变水头以及非线性机组出力特征曲线，这些特点一齐给三峡水电站短期调度问题研究带来极大的困难。针对上述特点，本章构建了一种求解水电站短期调度问题的 MILP 模型，使用优化软件 LINGO 求解得到三峡水电站在不同时期的短期调度方案，证明了 MILP 方法的高效和实用性。除此之外，本章还将 MILP 模型应用于包含离散安全运行区机组的水电站短期调度问题中，以隔河岩水电站不同调度期的调度方案计算为例，验证了它的有效性。

本章的主体结构安排如下：2.1 节建立通用的水电站短期调度的数学模型；2.2 节以三峡水电站的基础和机组数据为例，对机组净水头和机组出力特征曲线两个非线性关系分别做线性化处理，完成 MILP 模型的构建；2.3 节使用优化软件 LINGO 进行求解分析。需要注意的是，本章建立的数学模型中，所有的常数都采用大写字母表示，所有的变量都采用小写字母表示。

2.1　水电站短期调度的数学模型

2.1.1　目标函数

在满足电力系统各时段负荷要求的前提下，以最小化发电公司的运行成本(对水电站而言，通常以总下泄水量表示)作为问题的目标函数，可表示为

$$\min \sum_{t \in T} 3600 \times \Delta t \times u_t \tag{2-1}$$

式中，t 为时段索引；T 为时段集合；Δt 为时段长(h)；u_t 为水电站在时段 t 的下泄流量(m^3/s)，等于发电流量、开关机耗水流量与弃水流量之和，可表示为

$$u_t = q_t + c_t + s_t\,,\quad \forall t \tag{2-2}$$

式中，q_t 为水电站在时段 t 的发电流量(m^3/s)；c_t 为水电站中所有机组在时段 t 的开关机耗水流量(m^3/s)；s_t 为水电站在时段 t 的弃水流量(m^3/s)。它们可进一步表示为

$$q_t = \sum_{j \in J} q_{j,t}\,,\quad \forall t \tag{2-3}$$

$$c_t = \sum_{j \in J} \frac{\mathrm{SU}_j \times \tilde{z}_{j,t} + \mathrm{SD}_j \times z_{j,t}}{3600 \times \Delta t}\,,\quad \forall t \tag{2-4}$$

$$0 \leqslant s_t \leqslant \overline{S}\,,\quad \forall t \tag{2-5}$$

式中，j 为机组索引；J 为机组集合；$q_{j,t}$ 为机组 j 在时段 t 的发电流量(m^3/s)；SU_j 和 SD_j 分别为开、关机组 j 所耗的水量(m^3)；$\tilde{z}_{j,t}$ 为 0/1 变量，当机组 j 在时段 t 内被开启时为 1，反之为 0；$z_{j,t}$ 为 0/1 变量，当机组 j 在时段 t 内被关闭时为 1，反之为 0；$\overline{S}$ 为水库的最大弃水流量(m^3/s)。

2.1.2　约束条件

水库线性约束包含水量平衡约束、库容约束和下泄流量约束等。

(1) 水量平衡约束：

$$v_t - v_{t-1} - 3600 \times \Delta t \times (I_t - u_t) = 0\,,\quad \forall t \tag{2-6}$$

式中，v_t 为水库在时段 t 末的库容(m^3)；I_t 为水库在时段 t 的入库流量(m^3/s)。

(2) 最大/最小库容约束：

$$\underline{V} \leqslant v_t \leqslant \overline{V}\,,\quad \forall t \tag{2-7}$$

式中，$\overline{V}$ 为水库的最大库容(m^3)；$\underline{V}$ 为水库的最小库容(m^3)。

(3) 最大/最小下泄流量约束：

$$\underline{Q} \leqslant u_t \leqslant \overline{Q}, \quad \forall t \tag{2-8}$$

式中，$\overline{Q}$为水库的最大下泄流量(m^3/s)；$\underline{Q}$为水库的最小下泄流量(m^3/s)。

机组线性约束包含电力平衡约束、水电站备用容量约束、机组发电流量和出力约束、机组开/关机状态约束、机组处于开/关机状态的最小时间以及最大开机次数约束等。

(1)电力平衡约束：

$$\sum_{j \in J} p_{j,t} = D_t, \quad \forall t \tag{2-9}$$

式中，$p_{j,t}$为机组j在时段t的出力(MW)；D_t为电力系统在时段t对水电站的负荷要求(MW)。

(2)水电站备用容量约束：

$$\sum_{j \in J} g_{j,t} \times \overline{P}_j \geqslant D_t + R_t, \quad \forall t \tag{2-10}$$

式中，$g_{j,t}$为0/1变量，当机组j在时段t内处于开机状态时为1，反之为0；$\overline{P}_j$为机组j的最大出力限制(MW)；R_t为水电站的备用容量(MW)。

(3)机组发电流量和出力约束：

$$0 \leqslant q_{j,t} \leqslant g_{j,t} \times \overline{Q}_j, \quad \forall j, \forall t \tag{2-11}$$

$$0 \leqslant p_{j,t} \leqslant g_{j,t} \times \overline{P}_j, \quad \forall j, \forall t \tag{2-12}$$

式中，$\overline{Q}_j$为机组j的最大发电流量限制(m^3/s)。

(4)机组开/关机状态约束：

$$g_{j,t} - g_{j,t-1} = \tilde{z}_{j,t} - z_{j,t}, \quad \forall j, \forall t \tag{2-13}$$

$$\tilde{z}_{j,t} + z_{j,t} \leqslant 1, \quad \forall j, \forall t \tag{2-14}$$

(5)机组处于开/关机状态的最小时间以及最大开机次数约束：

$$\tilde{z}_{j,t} + \sum_{\tau=t+1}^{t+\alpha-1} z_{j,\tau} \leqslant 1, \quad \forall j, \forall t \tag{2-15}$$

$$z_{j,t} + \sum_{\tau=t+1}^{t+\beta-1} \tilde{z}_{j,\tau} \leqslant 1, \quad \forall j, \forall t \tag{2-16}$$

$$\sum_{t \in T} \tilde{z}_{j,t} \leqslant \overline{Z}, \quad \forall j \tag{2-17}$$

式中，α 为机组处于开机状态的最小时间；β 为机组处于关机状态的最小时间；$\overline{Z}$ 为调度期内允许的机组最大开机次数。机组频繁开、关机会造成机械损失(Li et al.，1997)，在实际生产中应予以避免。国外学者在应用模型研究时，通常以最大化水电站发电效益作为调度目标，将开、关机组带来的效益损失以货币形式表示，并将其补充到目标函数中(Li et al.，1997；Chang et al.，2001；Conejo et al.，2002；Borghetti et al.，2008；Diaz et al.，2011；Arce et al.，2002)；而我国目前大部分上网水电站需要按电网指令发电，通常以最小化水电站发电成本(即总下泄水量)作为调度目标，不能直接将开、关机组带来的效益损失反映到目标函数中，因此采用上述约束形式。

除线性约束外，还有机组净水头和机组出力特征曲线两个非线性约束。

(1)机组净水头约束，等于水库坝前水位(为水库平均库容的函数)减去水库坝后水位(为水库下泄流量的函数)减去机组水头损失(为机组发电流量的函数)，可表示为

$$h_{j,t} = \mathrm{hu}_t(\overline{v}_t) - \mathrm{hd}_t(u_t) - \mathrm{hl}_{j,t}(q_{j,t}), \quad \forall j, \forall t \tag{2-18}$$

式中，$h_{j,t}$ 为机组 j 在时段 t 的净水头(m)；hu_t 为水库在时段 t 的坝前水位(m)；hd_t 为水库在时段 t 的坝后水位(m)；$\mathrm{hl}_{j,t}$ 为机组 j 在时段 t 的水头损失(m)；$\overline{v}_t$ 为水库在时段 t 的平均库容(m^3)：

$$\overline{v}_t = \frac{v_{t-1} + v_t}{2}, \quad \forall t \tag{2-19}$$

(2)机组出力特征曲线约束：

$$p_{j,t} = \varphi_j(q_{j,t}, h_{j,t}), \quad \forall j, \forall t \tag{2-20}$$

式中，φ_j 描述了机组出力特征曲线的函数关系，即机组净水头、发电流量和出力三者的非线性关系。

2.2 非线性约束线性化

本节对 2.1 节两个非线性约束做线性化处理。

2.2.1 机组净水头

为模拟机组净水头，已有研究一般采用如下假设简化计算：①假设净水头是梯级水库上、下游水库库容的线性函数(Catalão et al.，2009)；②假设净水头是水库库容的线性函数(Diaz et al.，2011)；③将机组出力特征曲线中净水头、发电流量、出力三者的函数关系，以水库库容、发电流量、出力的函数关系替代(Borghetti et al.，2008)，也就是假设净水头是水库库容的线性函数。

水库坝后水位和机组水头损失直接影响到机组的有效水头，导致机组产生发电损失(Soares and Salmazo，1997)。为模拟水库下泄流量和坝后水位关系，以及机组发电流量和水头损失关系，一般有两种方法：①直接用解析表达式拟合这两个非线性关系，这或许会构造出难以求解的 MINLP 模型；②将非线性关系线性化，以模拟机组发电流量和水头损失关系为例，这或许会引入大量的 0/1 变量。因此，已有研究工作要么忽略、要么简化考虑这两个非线性关系(Conejo et al.，2002；Borghetti et al.，2008；Catalão et al.，2009；Diaz et al.，2011)。

2.2.1.1 坝前水位

图 2.1 描述的是三峡库容和坝前水位的关系。可以看出两者大致呈线性关系，因此可将坝前水位表示为库容的线性函数：

$$\text{hu}_t = A_0 + A_1 \times \overline{v}_t, \quad \forall t \tag{2-21}$$

式中

$$A_0 = \underline{\text{HU}}, \quad A_1 = \frac{\overline{\text{HU}} - \underline{\text{HU}}}{\overline{V} - \underline{V}} \tag{2-22}$$

式中，$\overline{\text{HU}}$ 为水库的最大坝前水位(m)；$\underline{\text{HU}}$ 为水库的最小坝前水位(m)。

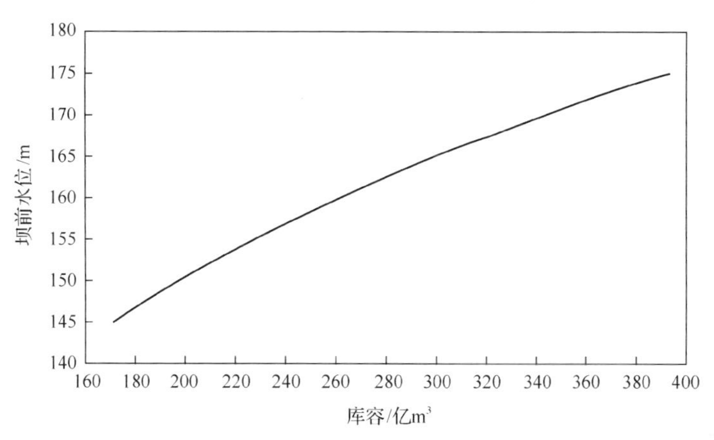

图 2.1　三峡库容和坝前水位关系(Li et al., 2014a)

需要说明的是，为提高模拟精度应采用精细数据描述上述关系，例如，已知三峡水库的坝前水位是 160.0m，坝前水位的最大允许变幅是−5.0～+5.0m/d，因此当某调度期内水库坝前水位上升时可以给定最大坝前水位为 165.0m、最小坝前水位为 160.0m；当水库坝前水位下降时可以给定最大坝前水位为 160.0m、最小坝前水位为 155.0m；当水库坝前水位既有升又有降时可以使最大坝前水位和最小坝前水位构成一个包含 160.0m 的区间。

2.2.1.2　坝后水位

模拟三峡坝后水位十分复杂，这是因为三峡坝后水位不仅受到三峡下泄流量的影响，同时由于三峡大坝与下游葛洲坝相距较近，还受到葛洲坝坝前水位顶托的影响。从短期尺度看，三峡坝后水位与三峡下泄流量、葛洲坝坝前水位不存在稳定的关系，因而难以模拟；从长期尺度看，三者存在稳定的关系，如图 2.2 所示。

为得到三峡坝后水位，这里采用迭代的方法。

(1)初始化整个调度期内三峡的坝后水位。

(2)运行 MILP 模型以得到各时段三峡的下泄流量。

(3)将步骤(2)获取的三峡下泄流量代入四次多项式方程：

$$\mathrm{hd}_t = B_0 + B_1 \times u_t + B_2 \times u_t^2 + B_3 \times u_t^3 + B_4 \times u_t^4, \quad \forall t \tag{2-23}$$

式中，B_0、B_1、B_2、B_3、B_4 分别为多项式拟合系数，使用葛洲坝上游水位数据(视为已知)，经二维插值图 2.2 的关系曲线，可得到各时段三峡的坝后水位。

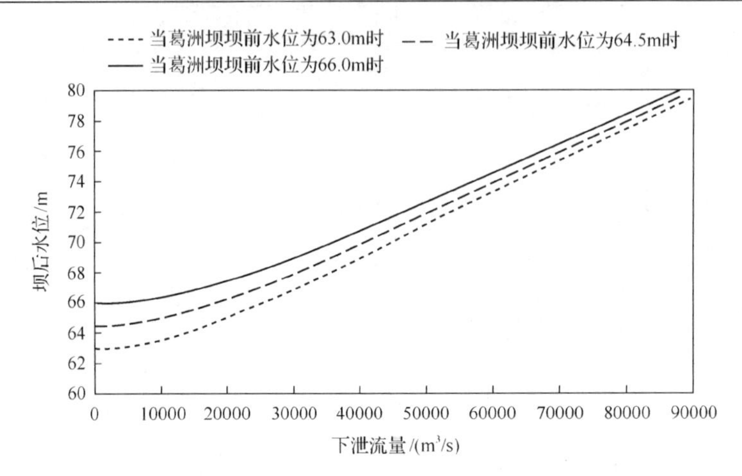

图 2.2　三峡坝后水位、下泄流量和葛洲坝坝前水位的长期关系(Li et al., 2014a)

(4) 重复步骤(2)和步骤(3)直至收敛。

2.2.1.3　水头损失

图 2.3 描述的是三峡水电站机组发电流量和水头损失的关系。可以看出：引用相同的发电流量，地下电站中机组(#27～#32)的水头损失大于左右岸电站中机组(#1～#26)的水头损失。每一台机组都有一个安全运行区且约束在该区运行(将在后面说明)，为简化模型、提高求解效率，这里假设机组水头损失取恒定值，该值等于安全运行区水头损失的平均值。如图 2.3 所示，该假设最多会引入 0.5m 左右的误差。由于三峡水电站安装有大量机组，同一时段各机组水头损失的计算误差或许会在系统中相互抵消。

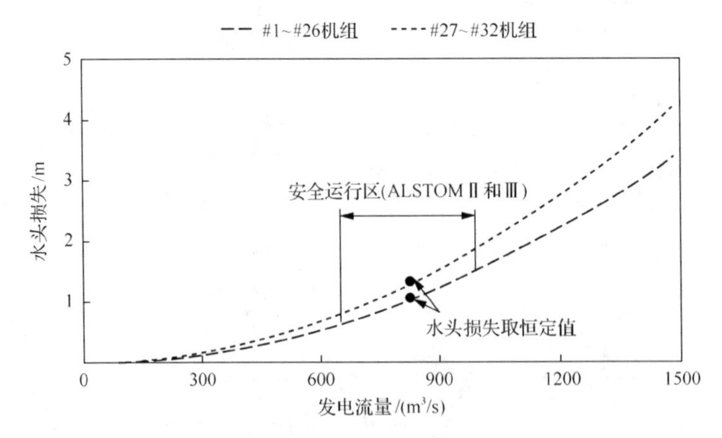

图 2.3　三峡水电站机组发电流量和水头损失的关系(Li et al., 2014a)

2.2.2　机组出力特征曲线

机组出力特征曲线是一组非线性曲线，图 2.4 为三峡水电站内某典型机组的出力特征曲线(水头区间为 5m)，它由原型试验得到。尽管机组出力特征曲线具有的非线性、非凸性等特征(Conejo et al.，2002；Diaz et al.，2011)给模拟研究带来了一定困难，但是利用 MILP 模型可以有效捕捉这些特征(Chang et al.，2001)。在过去的研究中，为避免非线性寻优计算，Chang 等(2001)假设水头恒定、忽略水头变化对机组发电的影响。为克服非凸性搜索困难，Nilsson 和 Sjelvgren(1997)以几个局部最优效率点来简化模拟机组出力特征曲线，Chang 等(2001)将机组发电流量和出力的非线性关系用分段线性化方法逼近为凸的分段线性曲线；这些简化将降低模型的模拟精度(Conejo et al.，2002)。为提高模型的模拟精度，近期的研究中开始考虑水头变化对机组发电的影响(Conejo et al.，2002；Borghetti et al.，2008)。

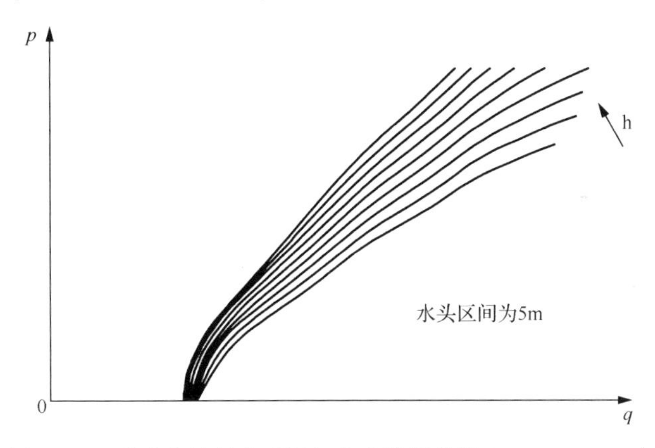

图 2.4　三峡水电站某典型机组出力特征曲线(Li et al., 2014a)

这里假设机组出力特征曲线是一组随水头均匀变化的曲线，这一假设的合理性可以从图 2.4 看出，2.3 节将会对这一假设进行验证。基于这一假设，将图 2.4 中的密集曲线离散为图 2.5 中的 3 条实线，分别代表三个不同水头，在图 2.5 中以 1、2、3 分别标示。为避免机组出现机械振动、空穴和低效率运行等问题(Finardi and da Silva，2006)，假设将机组约束在稳定(安全)运行区运行；三峡水电站某典型机组禁止运行区、限制运行区和稳定(安全)运行区如图 2.6 所示，可以看出安全运行区的上下界随水头线性变化，因此可以将安全运行区在图 2.5 中表示为由实线 1 和 3 以及最大与最小出力(或流量)

限制(虚线)围成的区域。需要注意的是，最大与最小出力(或流量)限制随机组水头的变化而变化；其中最大出力(或流量)限制是一条非光滑曲线，有一个明显的断点，水头增加时，最大出力限制先增加，当达到最大出力限制后，最大出力限制逐渐减小。

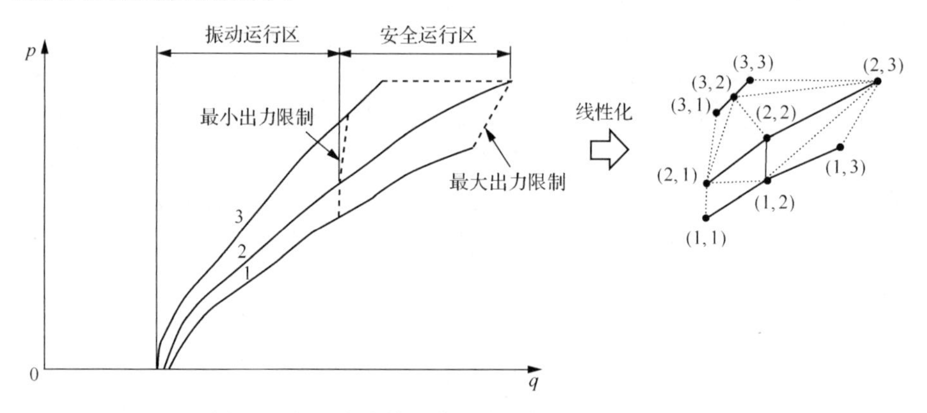

图 2.5　机组出力特征曲线线性化(Li et al., 2014a)

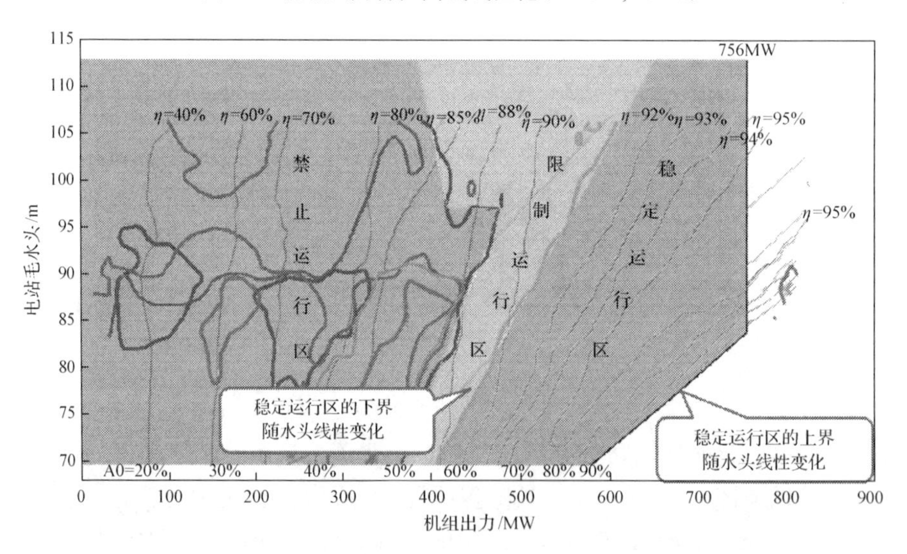

图 2.6　三峡水电站某典型机组禁止、限制和稳定(安全)运行区

这里使用的计算时段长为 1h，而三峡水电站开或关机组的时间为 1～5min，因此可以施加硬约束限制安全运行区为优化的可行区间，从而完全避开振动运行区。使用三条二段直线来逼近曲线 1、2、3 在安全运行区的部分，因而可以使用 9 个(x, y)数据点来描述机组出力特征曲线；然后，将安全运行

区划分为 8 个三角形，如图 2.5 所示。这样处理的好处是：通过 3 个 0/1 变量，便能够描述任意机组在出力特征曲线中的运行区域，即在 8 个三角形中的哪一个；当确定三角形后，内部的任意点都可以通过三角形顶点的权重唯一确定。具体地，可将式(2-20)的机组出力特征曲线函数关系转化为下列约束：

$$\sum_{x\in X}\sum_{y\in Y} w_{j,t}(x,y)=g_{j,t},\quad \forall j,\ \forall t \tag{2-24}$$

$$h_{j,t}\leqslant \sum_{x\in X}\sum_{y\in Y} w_{j,t}(x,y)\times H_j(x,y)+\overline{\text{HU}}\times(1-g_{j,t}),\quad \forall j,\ \forall t \tag{2-25}$$

$$h_{j,t}\geqslant \sum_{x\in X}\sum_{y\in Y} w_{j,t}(x,y)\times H_j(x,y),\quad \forall j,\ \forall t \tag{2-26}$$

$$q_{j,t}=\sum_{x\in X}\sum_{y\in Y} w_{j,t}(x,y)\times Q_j(x,y),\quad \forall j,\ \forall t \tag{2-27}$$

$$p_{j,t}=\sum_{x\in X}\sum_{y\in Y} w_{j,t}(x,y)\times P_j(x,y),\quad \forall j,\ \forall t \tag{2-28}$$

$$w_{j,t}(1,3)+w_{j,t}(2,3)+w_{j,t}(3,3)\leqslant b_{j,t},\quad \forall j,\ \forall t \tag{2-29}$$

$$w_{j,t}(1,1)+w_{j,t}(2,1)+w_{j,t}(3,1)\leqslant 1-b_{j,t},\quad \forall j,\ \forall t \tag{2-30}$$

$$w_{j,t}(3,1)+w_{j,t}(3,2)+w_{j,t}(3,3)\leqslant a_{j,t},\quad \forall j,\ \forall t \tag{2-31}$$

$$w_{j,t}(1,1)+w_{j,t}(1,2)+w_{j,t}(1,3)\leqslant 1-a_{j,t},\quad \forall j,\ \forall t \tag{2-32}$$

$$w_{j,t}(2,2)\leqslant c_{j,t},\quad \forall j,\ \forall t \tag{2-33}$$

$$w_{j,t}(1,1)+w_{j,t}(3,1)+w_{j,t}(1,3)+w_{j,t}(3,3)\leqslant 1-c_{j,t},\quad \forall j,\ \forall t \tag{2-34}$$

式中，X 为曲线集合；Y 为点集合；$H_j(x,y)$ 为机组 j 在数据点 (x,y) 处的净水头(m)；$Q_j(x,y)$ 为机组 j 在数据点 (x,y) 处的发电流量(m^3/s)；$P_j(x,y)$ 为机组 j 在数据点 (x,y) 处的出力(MW)；$a_{j,t}$ 为 0/1 变量，当机组 j 在时段 t 的运行区域位于水平中线(即(2,1)、(2,2)、(2,3)连线)上侧时为 1，反之为 0；$b_{j,t}$ 为 0/1 变量，当机组 j 在时段 t 的运行区域位于竖直中线(即(1,2)、(2,2)、(3,2)连线)右侧时为 1，反之为 0；$c_{j,t}$ 为 0/1 变量，当机组 j 在时段 t 的运行区域位于中间菱形(即(2,1)、(1,2)、(2,3)、(3,2)连线)内侧时为 1，反之为 0；

$w_{j,t}(x,y)$ 为数据点 (x,y) 的权重。

上述约束中，式(2-24)约束了任意机组在任意时段 9 个数据点的权重之和，当机组处于开机状态时，权重之和为 1，反之为 0；式(2-25)和式(2-26)约束了机组的净水头，当机组处于开机状态时，式(2-25)和式(2-26)构成紧约束，净水头值为 9 个数据点的加权水头之和，反之式(2-25)因包含最大坝前水位 $\overline{\mathrm{HU}}$ 而变为松弛约束；式(2-27)和式(2-28)分别约束了机组的发电流量和出力；式(2-29)～式(2-34)建立了插值方法的基本准则。

采用上述插值方法的优势有：

(1)该插值方法通过 6 个 0/1 变量描述三峡水电站中每台机组的发电运行情况，这些 0/1 变量中，3 个变量（$g_{j,t}$，$\tilde{z}_{j,t}$，$z_{j,t}$）用于模拟机组的开、关状态，3 个变量（$a_{j,t}$，$b_{j,t}$，$c_{j,t}$）用于模拟机组在出力特征曲线中的运行区域；

(2)该插值方法直接使用机组出力特征曲线上、安全运行区域内 9 个数据点的水头、发电流量和出力值，避免了计算机组出力特征曲线的斜率(Conejo et al.，2002)或是每段分段线性曲线的发电流量和出力范围(Borghetti et al.，2008)；

(3)该插值方法能够模拟水头对机组发电的影响，能够模拟非光滑、随水头变化的最大和最小出力限制以及相应的发电流量限制，因此可从 2.1 节的数学模型中移除式(2-11)和式(2-12)。

类似地，为提高模型模拟精度应采用精细数据。例如，假设初始时刻三峡坝前水位是 160.0m，三峡坝前水位的最大允许变幅是−5.0～+5.0m/d，三峡坝后水位是 65.0m，能够推算出水头的最大允许变幅在 90.0～100.0m，因此可选用 90.0m、95.0m、100.0m 这三个水头的机组出力特征曲线进行模拟计算。

到这里便完成了 MILP 模型的建立。

2.3　结果和讨论

本节使用 LINDO 公司的优化软件 LINGO 14.0 Beta 64-bit(LINDO Systems Inc.，2015)，调用内嵌的分支定界法(BNB)，求解上述 MILP 模型。计算内容在一台 ThinkPad W510(Intel(R) Core(TM) i7CPU 1.60 GHz，4 GB 内存)上完成。

这里以 1h 作为计算时段长、1 日(即 24h)作为调度期。虽然研究仅考虑了三峡一座水电站，但它安装有 32 台机组，这里对每台机组的运行状况予以分别考虑，因此计算维数很高。表 2.1 为三峡水电站短期调度问题的计算维数和计算需求，MILP 模型中总变量有 14816 个，其中 0/1 变量有 4608 个，约束有 13329 个。

表 2.1　计算维数和计算需求(Li et al., 2014a)

总变量/个	0/1 变量/个	约束/个	内存大小/KB
14816	4608	13329	3485

2.3.1　三峡水电站短期调度结果

以 8 月、9 月、10 月三个不同月份中某一天的数据资料作为三个不同调度方案进行计算。三个方案中，8 月和 9 月水位变幅较大，目的是检验 MILP 模型在水头大幅变化情况下的适用性；10 月以后，三峡坝前水位位于 170m 以上且无大变幅。MILP 模型的输入条件包括：预报入库流量、预报负荷需求以及初始坝前水位。由于三峡的弃水主要发生在汛期，弃水时三峡水电站的机组将满发运行；这三个月中，三峡并无弃水发生，为加速收敛在优化计算时可设置 $s_t=0$。假设机组处于开机状态和关机状态的最小时间均为 5h，调度期内允许的机组最大开机次数为 2 次。由于调度员在实际调度中要迅速做出决策，这里以 10min 作为计算时间上限。

表 2.2 为不同方案的优化结果，其中最终相对差[①]可表示为

$$\text{最终相对差}=\frac{\text{目标函数值}-\text{目标函数下界}}{\text{目标函数下界}}\times 100\% \tag{2-35}$$

表 2.2　三峡水电站短期优化调度结果(Li et al., 2014a)

方案	迭代次数/次	目标函数值/亿 m^3	最终相对差/%
8 月	354480	13.27	4.11
9 月	359218	23.84	2.87
10 月	337655	9.01	2.30

三个方案的目标函数值分别是 13.27 亿 m^3、23.84 亿 m^3、9.01 亿 m^3。最终相对差最小的是 10 月方案的 2.30%；最终相对差最大的是 8 月方案的 4.11%。由于问题包含了数以万计个计算变量，这里认为优化结果质量较好。

① 整数规划一般能够得到最大化问题的目标函数上界或最小化问题的目标函数下界。通过判断目标函数值与目标函数上(下)界的相对差可以判断目标函数值至少以多少相对百分数接近全局最优值。最终相对差越小说明目标函数值越接近全局最优值。然而，需要注意的是，更长的计算时间或许仅能够使目标函数上(下)界变紧，而不能够改进目标函数值。

为验证 2.2.2 节中提到的机组出力特征曲线是一组随水头均匀变化的曲线这一假设，这里对三个方案的结果进行验证。首先，将每一个水头下机组出力特征曲线的发电流量和出力的关系拟合为二次多项式(使用二次多项式模拟机组出力特征曲线的效果较好)：

$$p_j = G_{0,j}(h_j) + G_{1,j}(h_j)q_j + G_{2,j}(h_j)q_j^2, \quad \forall j \tag{2-36}$$

式中，$G_{0,j}$、$G_{1,j}$、$G_{2,j}$ 分别为多项式拟合系数，它们是机组机型和水头的函数。然后，将 MILP 模型计算得到的每台机组的水头和发电流量结果代入式(2-36)来计算每一时段三峡水电站中所有机组的总出力。最后，比较 MILP 模型与非线性模型(式(2-36))计算得到的所有机组的总出力过程，采用的检验指标是确定性系数(r^2)：

$$r^2 = \left[\frac{\sum_{t \in T}(D_t - D^{\text{avg}}) \times (E_t - E^{\text{avg}})}{\sqrt{\sum_{t \in T}(D_t - D^{\text{avg}})^2} \times \sqrt{\sum_{t \in T}(E_t - E^{\text{avg}})^2}} \right]^2, \quad r^2 \in [0,1] \tag{2-37}$$

以及平均相对误差(MRE)：

$$\text{MRE} = \frac{1}{T} \times \sum_{t \in T} \left(\frac{E_t}{D_t} - 1 \right), \quad \text{MRE} \in [-1,1] \tag{2-38}$$

式中，E_t 为三峡水电站中所有机组在时段 t 的模拟总出力(MW)；E^{avg} 为三峡水电站中所有机组的模拟总出力在整个调度期的平均值(MW)，$E^{\text{avg}} = \sum_{t \in T} E_t / T$；$D_t$ 为电力系统在时段 t 对三峡水电站的负荷要求(MW)；D^{avg} 为电力系统的负荷要求在整个调度期的平均值(MW)，$D^{\text{avg}} = \sum_{t \in T} D_t / T$。

三个方案的确定性系数 r^2 分别为 0.997、0.988、0.995；平均相对误差 MRE 分别为–0.0021、0.0003、0.0034。三个方案的确定性系数 r^2 都接近于 1.0，平均相对误差 MRE 都接近于 0，从而证明了机组出力特征曲线是一组随水头均匀变化的曲线这一假设的合理性。

图 2.7 为三个方案下三峡水电站的分时坝前水位、入库流量和下泄流量。可以看出：24h 内，8 月方案的坝前水位变幅达到近 1.0m，9 月方案的坝前水位变幅达到 2.0m 以上，水头变化对发电过程影响很大、不容忽略。

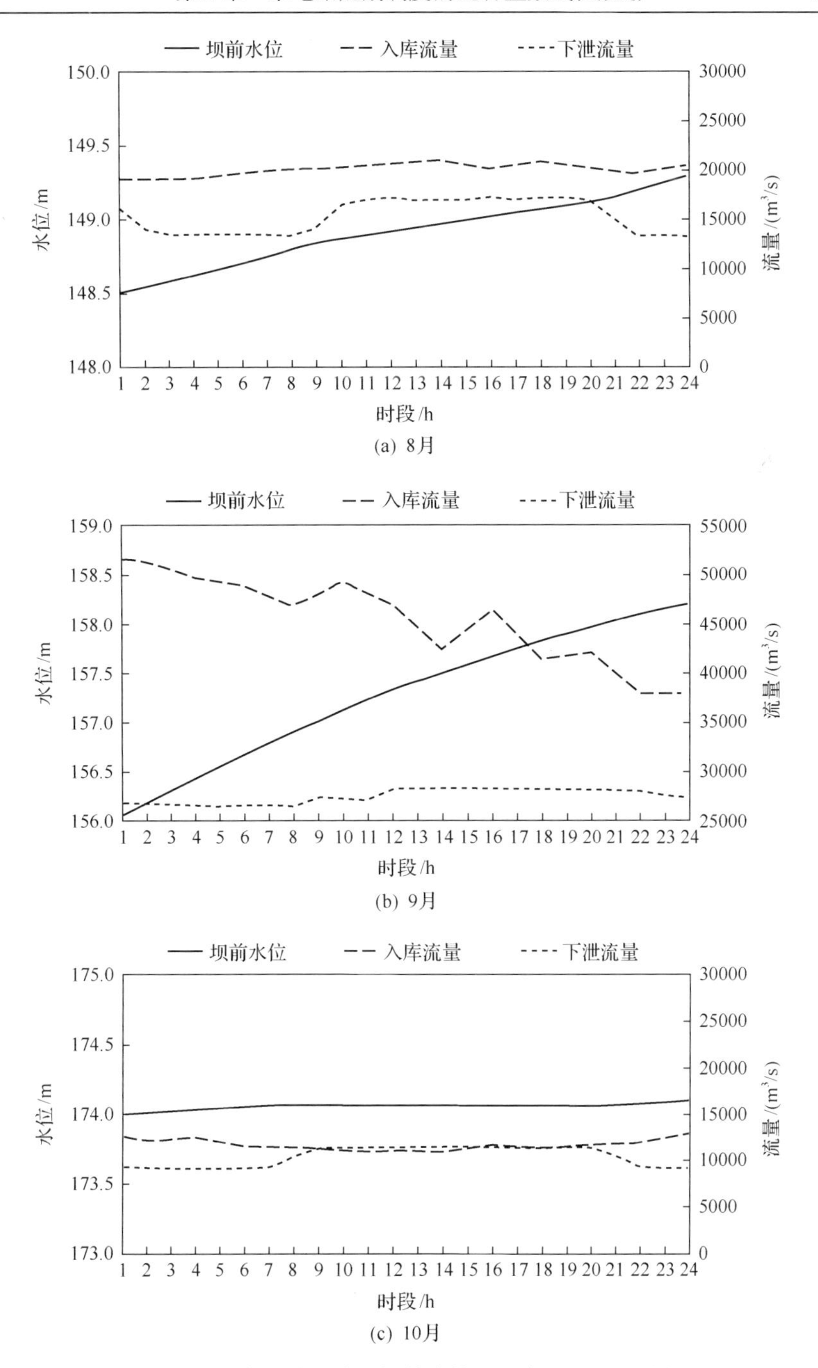

图 2.7 三峡水电站的分时坝前水位、入库流量、下泄流量

图 2.8 为三峡水电站坝后三个电站的分时出力。

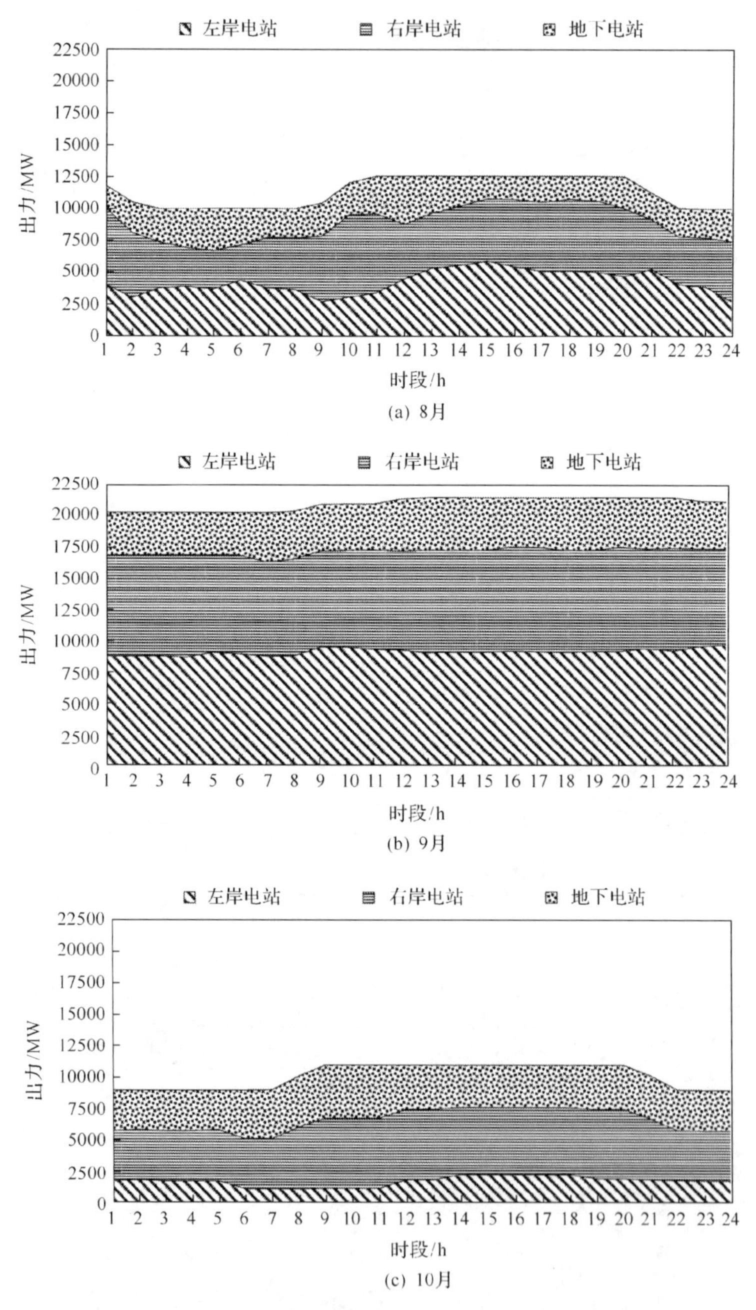

(a) 8月

(b) 9月

(c) 10月

图 2.8　三峡水电站坝后三个电站的分时出力

图 2.9 为三个方案下三峡水电站 32 台机组的分时开关状态及开机总数。可以看出：由于施加了约束(式(2-15)～式(2-17))，避免了在调度中发生频繁开关机组的情况，进而避免了开关机组造成的效益损失。

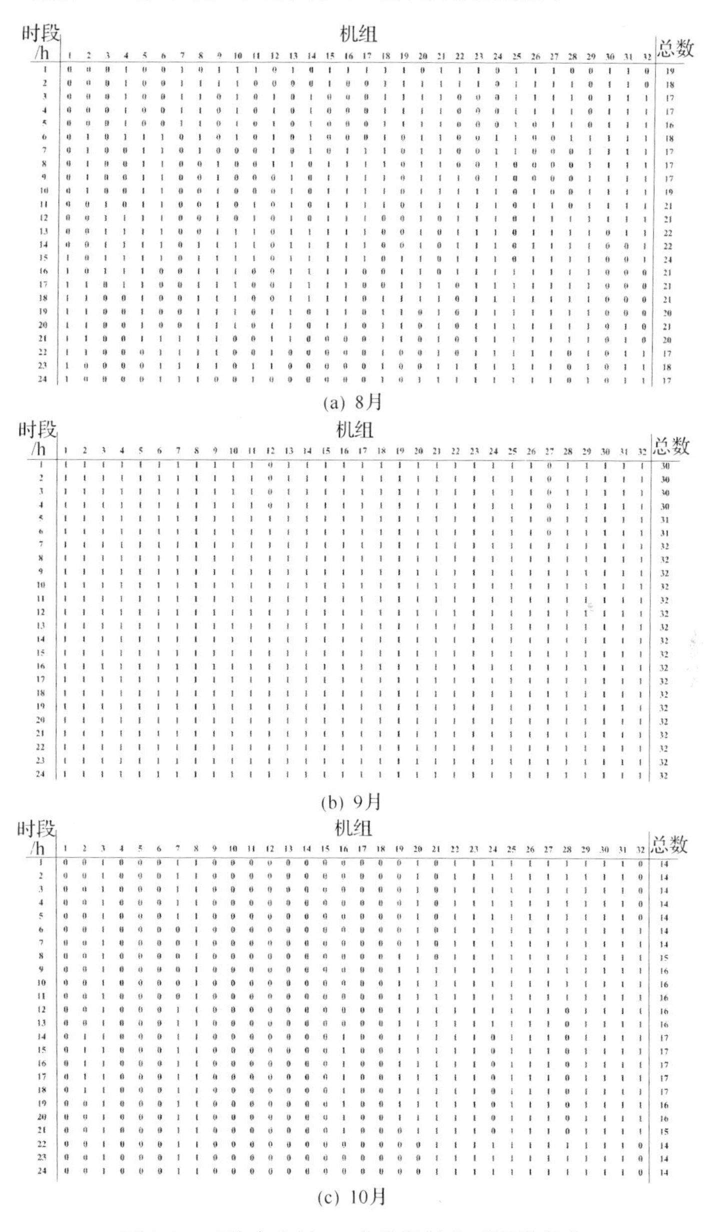

时段/h	1	2	3	4	5	6	7	8	9	10	11	12	13	14	15	16	17	18	19	20	21	22	23	24	25	26	27	28	29	30	31	32	总数
1	0	0	0	1	0	0	1	0	1	1	1	0	1	0	1	1	1	1	1	0	1	1	1	0	1	1	1	0	0	1	1	0	19
2	0	0	0	1	0	0	1	1	1	1	0	0	0	0	1	0	0	1	1	1	1	1	1	0	1	1	1	1	0	1	1	0	18
3	0	0	0	1	0	0	1	1	0	1	0	1	0	1	0	0	0	1	1	1	1	0	0	0	1	1	1	1	0	1	1	1	17
4	0	0	0	1	0	0	1	1	0	1	0	1	0	1	0	0	0	1	1	1	1	0	0	0	1	1	1	1	0	1	1	1	17
5	0	0	0	1	0	0	1	1	0	1	0	1	0	1	0	0	0	1	1	1	1	0	0	0	1	0	1	1	0	1	1	1	16
6	0	1	0	1	1	1	0	1	0	1	0	1	0	1	0	0	0	1	0	1	1	0	0	1	1	0	0	1	1	1	1	1	18
7	0	1	0	0	1	1	0	1	0	0	0	1	0	1	0	1	1	1	0	1	1	0	0	1	1	0	0	0	1	1	1	1	17
8	0	1	0	0	1	1	0	0	1	0	0	1	1	0	1	1	1	1	0	1	1	0	0	1	0	0	0	0	1	1	1	1	17
9	0	1	0	0	1	1	0	0	1	0	0	0	1	0	1	1	1	1	0	1	1	1	0	1	0	0	0	0	1	1	1	1	17
10	0	1	0	0	1	1	0	0	1	0	0	0	1	0	1	1	1	1	0	1	1	1	1	1	0	1	0	0	1	1	1	1	19
11	0	0	1	0	1	1	0	0	1	0	1	0	1	0	1	1	1	1	0	1	1	1	1	1	0	1	1	0	1	1	1	1	21
12	0	0	1	1	1	1	0	0	1	0	1	0	1	0	1	1	1	0	0	1	0	1	1	1	0	1	1	1	1	1	1	1	21
13	0	0	1	1	1	1	0	0	1	1	1	0	1	1	1	1	1	0	0	1	0	1	1	1	0	1	1	1	1	0	1	1	22
14	0	0	1	1	1	1	0	1	1	1	1	0	1	1	1	1	1	0	0	1	0	1	1	1	0	1	1	1	1	0	0	1	22
15	1	0	1	1	1	1	0	1	1	1	1	0	1	1	1	1	1	0	1	1	0	1	1	1	0	1	1	1	1	0	0	1	24
16	1	0	1	1	1	0	0	1	1	1	0	0	1	1	1	1	0	0	1	1	0	1	1	1	1	1	1	1	1	0	0	0	21
17	1	1	0	1	1	0	0	1	1	1	0	0	1	1	1	1	0	0	1	1	1	0	1	1	1	1	1	1	1	0	0	0	21
18	1	1	0	0	1	0	0	1	1	1	0	0	1	1	1	1	0	1	1	1	1	0	1	1	1	1	1	1	1	0	0	0	21
19	1	1	0	0	1	0	0	1	1	1	0	1	1	0	1	1	0	1	1	0	1	0	1	1	1	1	1	1	1	0	0	0	20
20	1	1	0	0	1	0	0	1	1	1	0	1	1	0	1	1	0	1	1	0	1	0	1	1	1	1	1	1	1	0	1	0	21
21	1	1	0	0	1	1	1	1	1	0	0	1	1	0	0	0	0	1	1	0	1	0	1	1	1	1	1	1	1	0	1	0	20
22	1	1	0	0	0	1	1	1	1	0	0	1	0	0	0	0	0	1	0	0	1	0	1	1	1	1	1	0	1	0	1	1	17
23	1	0	0	0	0	1	1	1	1	0	1	1	0	0	0	0	0	1	0	0	1	1	1	1	1	1	1	0	1	0	1	1	18
24	1	0	0	0	0	1	1	1	0	0	1	0	0	0	0	0	0	1	0	1	1	1	1	1	1	1	1	0	1	0	1	1	17

(a) 8月

时段/h	1	2	3	4	5	6	7	8	9	10	11	12	13	14	15	16	17	18	19	20	21	22	23	24	25	26	27	28	29	30	31	32	总数
1	1	1	1	1	1	1	1	1	1	1	1	0	1	1	1	1	1	1	1	1	1	1	1	1	1	1	0	1	1	1	1	1	30
2	1	1	1	1	1	1	1	1	1	1	1	0	1	1	1	1	1	1	1	1	1	1	1	1	1	1	0	1	1	1	1	1	30
3	1	1	1	1	1	1	1	1	1	1	1	0	1	1	1	1	1	1	1	1	1	1	1	1	1	1	0	1	1	1	1	1	30
4	1	1	1	1	1	1	1	1	1	1	1	0	1	1	1	1	1	1	1	1	1	1	1	1	1	1	0	1	1	1	1	1	30
5	1	1	1	1	1	1	1	1	1	1	1	1	1	1	1	1	1	1	1	1	1	1	1	1	1	1	0	1	1	1	1	1	31
6	1	1	1	1	1	1	1	1	1	1	1	1	1	1	1	1	1	1	1	1	1	1	1	1	1	1	0	1	1	1	1	1	31
7	1	1	1	1	1	1	1	1	1	1	1	1	1	1	1	1	1	1	1	1	1	1	1	1	1	1	1	1	1	1	1	1	32
8	1	1	1	1	1	1	1	1	1	1	1	1	1	1	1	1	1	1	1	1	1	1	1	1	1	1	1	1	1	1	1	1	32
9	1	1	1	1	1	1	1	1	1	1	1	1	1	1	1	1	1	1	1	1	1	1	1	1	1	1	1	1	1	1	1	1	32
10	1	1	1	1	1	1	1	1	1	1	1	1	1	1	1	1	1	1	1	1	1	1	1	1	1	1	1	1	1	1	1	1	32
11	1	1	1	1	1	1	1	1	1	1	1	1	1	1	1	1	1	1	1	1	1	1	1	1	1	1	1	1	1	1	1	1	32
12	1	1	1	1	1	1	1	1	1	1	1	1	1	1	1	1	1	1	1	1	1	1	1	1	1	1	1	1	1	1	1	1	32
13	1	1	1	1	1	1	1	1	1	1	1	1	1	1	1	1	1	1	1	1	1	1	1	1	1	1	1	1	1	1	1	1	32
14	1	1	1	1	1	1	1	1	1	1	1	1	1	1	1	1	1	1	1	1	1	1	1	1	1	1	1	1	1	1	1	1	32
15	1	1	1	1	1	1	1	1	1	1	1	1	1	1	1	1	1	1	1	1	1	1	1	1	1	1	1	1	1	1	1	1	32
16	1	1	1	1	1	1	1	1	1	1	1	1	1	1	1	1	1	1	1	1	1	1	1	1	1	1	1	1	1	1	1	1	32
17	1	1	1	1	1	1	1	1	1	1	1	1	1	1	1	1	1	1	1	1	1	1	1	1	1	1	1	1	1	1	1	1	32
18	1	1	1	1	1	1	1	1	1	1	1	1	1	1	1	1	1	1	1	1	1	1	1	1	1	1	1	1	1	1	1	1	32
19	1	1	1	1	1	1	1	1	1	1	1	1	1	1	1	1	1	1	1	1	1	1	1	1	1	1	1	1	1	1	1	1	32
20	1	1	1	1	1	1	1	1	1	1	1	1	1	1	1	1	1	1	1	1	1	1	1	1	1	1	1	1	1	1	1	1	32
21	1	1	1	1	1	1	1	1	1	1	1	1	1	1	1	1	1	1	1	1	1	1	1	1	1	1	1	1	1	1	1	1	32
22	1	1	1	1	1	1	1	1	1	1	1	1	1	1	1	1	1	1	1	1	1	1	1	1	1	1	1	1	1	1	1	1	32
23	1	1	1	1	1	1	1	1	1	1	1	1	1	1	1	1	1	1	1	1	1	1	1	1	1	1	1	1	1	1	1	1	32
24	1	1	1	1	1	1	1	1	1	1	1	1	1	1	1	1	1	1	1	1	1	1	1	1	1	1	1	1	1	1	1	1	32

(b) 9月

时段/h	1	2	3	4	5	6	7	8	9	10	11	12	13	14	15	16	17	18	19	20	21	22	23	24	25	26	27	28	29	30	31	32	总数
1	0	0	1	0	0	0	1	1	0	0	0	0	0	0	0	0	0	0	0	1	0	1	1	1	1	1	1	1	1	1	1	0	14
2	0	0	1	0	0	0	1	1	0	0	0	0	0	0	0	0	0	0	0	1	0	1	1	1	1	1	1	1	1	1	1	0	14
3	0	0	1	0	0	0	1	1	0	0	0	0	0	0	0	0	0	0	0	1	0	1	1	1	1	1	1	1	1	1	1	0	14
4	0	0	1	0	0	0	1	1	0	0	0	0	0	0	0	0	0	0	0	1	0	1	1	1	1	1	1	1	1	1	1	0	14
5	0	0	1	0	0	0	1	1	0	0	0	0	0	0	0	0	0	0	0	1	0	1	1	1	1	1	1	1	1	1	1	0	14
6	0	0	1	0	0	0	0	1	0	0	0	0	0	0	0	0	0	0	0	1	0	1	1	1	1	1	1	1	1	1	1	1	14
7	0	0	1	0	0	0	0	1	0	0	0	0	0	0	0	0	0	0	0	1	0	1	1	1	1	1	1	1	1	1	1	1	14
8	0	0	1	0	0	0	0	1	0	0	0	0	0	0	0	0	0	0	1	1	0	1	1	1	1	1	1	1	1	1	1	1	15
9	0	0	1	0	0	0	0	1	0	0	0	0	0	0	0	0	0	0	1	1	1	1	1	1	1	1	1	1	1	1	1	1	16
10	0	0	1	0	0	0	0	1	0	0	0	0	0	0	0	0	0	0	1	1	1	1	1	1	1	1	1	1	1	1	1	1	16
11	0	0	1	0	0	0	0	1	0	0	0	0	0	0	0	0	0	0	1	1	1	1	1	1	1	1	1	1	1	1	1	1	16
12	0	0	1	0	0	0	1	1	0	0	0	0	0	0	0	0	0	0	1	1	1	1	1	1	1	1	1	0	1	1	1	1	16
13	0	0	1	0	0	0	1	1	0	0	0	0	0	0	0	0	0	0	1	1	1	1	1	1	1	1	1	0	1	1	1	1	16
14	0	1	1	0	0	0	1	1	0	0	0	0	0	0	0	1	0	0	1	1	1	1	1	0	1	1	1	0	1	1	1	1	17
15	0	1	1	0	0	0	1	1	0	0	0	0	0	0	0	1	0	0	1	1	1	1	1	0	1	1	1	0	1	1	1	1	17
16	0	1	1	0	0	0	1	1	0	0	0	0	0	0	0	1	0	0	1	1	1	1	1	0	1	1	1	0	1	1	1	1	17
17	0	1	1	0	0	0	1	1	0	0	0	0	0	0	0	1	0	0	1	1	1	1	1	0	1	1	1	0	1	1	1	1	17
18	0	1	1	0	0	0	1	1	0	0	0	0	0	0	0	1	0	0	1	1	1	1	1	0	1	1	1	0	1	1	1	1	17
19	0	0	1	0	0	0	1	1	0	0	0	0	0	0	0	1	0	0	1	1	1	1	1	0	1	1	1	0	1	1	1	1	16
20	0	0	1	0	0	0	1	1	0	0	0	0	0	0	0	1	0	0	1	1	1	1	1	0	1	1	1	0	1	1	1	1	16
21	0	0	1	0	0	0	1	1	0	0	0	0	0	0	0	1	0	0	0	1	1	1	1	0	1	1	1	0	1	1	1	1	15
22	0	0	1	0	0	0	1	1	0	0	0	0	0	0	0	0	0	0	0	0	1	1	1	1	1	1	1	1	1	1	1	0	14
23	0	0	1	0	0	0	1	1	0	0	0	0	0	0	0	0	0	0	0	0	1	1	1	1	1	1	1	1	1	1	1	0	14
24	0	0	1	0	0	0	1	1	0	0	0	0	0	0	0	0	0	0	0	0	1	1	1	1	1	1	1	1	1	1	1	0	14

(c) 10月

图 2.9　三峡水电站 32 台机组的分时开关状态

2.3.2 隔河岩水电站短期调度结果

为测试 MILP 模型在包含离散安全运行区机组的水电站短期调度问题中的适用性，这里以清江隔河岩水电站短期调度问题为例进行计算。隔河岩水电站安装有 4 台相同的发电机组，每台机组的机组出力特征曲线都包含一个振动运行区，分段线性化方法如图 2.10 所示。为避开振动运行区，在上述数学模型的基础上，补充参考 Borghetti 等(2008)得到的约束式(2-39)和式(2-40)：

$$p_{j,t} - \underline{F}_j - \overline{P}_j \times (1 - d_{j,t}) \leqslant 0, \quad \forall j, \ \forall t \tag{2-39}$$

$$p_{j,t} - \overline{F}_j \times (1 - d_{j,t}) \geqslant 0, \quad \forall j, \ \forall t \tag{2-40}$$

式中，$[\underline{F}_j, \overline{F}_j]$ 为机组 j 的振动运行区出力范围；$d_{j,t}$ 为 0/1 变量，当 $0 \leqslant p_{j,t} \leqslant \underline{F}_j$ 时等于 1，当 $\overline{F}_j \leqslant p_{j,t} \leqslant \overline{P}_j$ 时等于 0。

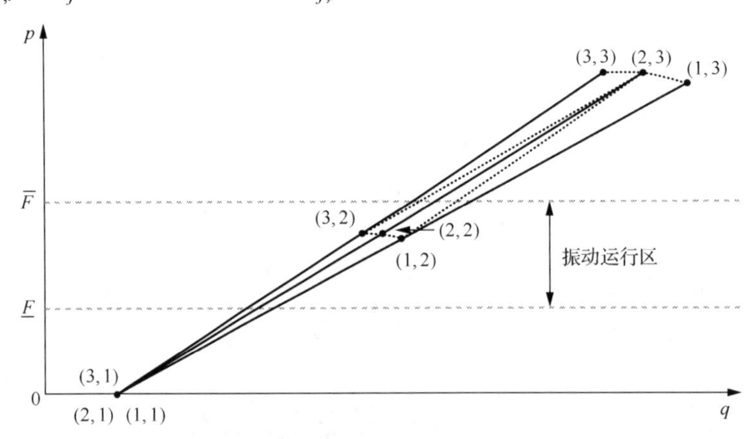

图 2.10　离散安全运行区机组出力特征曲线的分段线性化(Li et al., 2014a)
原曲线经延长至出力 0 处

这里假设隔河岩水电站的机组净水头是库容的线性函数，其他模型表达均与三峡 MILP 模型一致。模型的输入条件是 7 月、9 月、11 月三个不同月份中某一天的预报入库流量、预报负荷需求以及初始坝前水位。假设机组处于开机状态和关机状态的最小时间均为 6h。以 10min 作为计算时间上限。表 2.3 为隔河岩水电站短期优化调度结果，计算考虑了施加和不施加约束(式(2-39)和式(2-40))两种情况。可以看出：考虑振动运行区约束的情况比不考虑振动运行区约束的情况要消耗更大的水量；对于隔河岩水电站这样装机规模相对较小的水电站的短期调度问题，可以在10min的计算时间限制内得到近全局最优解。

表2.3　隔河岩水电站短期优化调度结果(Li et al., 2014a)

方案	是否施加约束(式(2-39)和式(2-40))	迭代次数/次	目标函数值/亿 m^3	最终相对差/%
7月	否	1563566	0.785	0.37
	是	1162450	0.786	0.96
9月	否	1051738	0.615	1.71
	是	1141725	0.625	1.59
11月	否	1651923	0.130	1.76
	是	1440197	0.136	3.13

2.4　本章小结

本章针对我国大型水库水电站短期调度的多机组、异型号、变水头、非线性机组出力特征问题，以三峡水电站为例，构建了一种模拟精度高且能够高质高效求解的MILP模型。该模型以最小化总下泄水量作为目标函数，以机组开关状态和发电流量作为决策变量，考虑了机组净水头和机组出力特征曲线两个主要非线性约束；采用一种三维插值方法精确模拟机组出力特征的非线性函数关系，该方法利用9个点来定义一台机组的安全运行区，以0/1变量表示每台机组的开关状态以及在机组出力特征曲线中的运行区域，能够考虑机组多且型号异的水电站中每台机组的运行情况、变化水头影响，以及非光滑的出力和发电流量限制。本章使用优化软件LINGO计算三峡水电站在不同调度期的调度方案，尽管问题包含数以万计的计算变量和约束条件，但仍能够在10min内得到高质量的解，表明构建的MILP模型对于求解三峡这样多机组、异型号、变水头的大型水电站短期调度问题的高效性和实用性。除此之外，本章还将补充避开振动运行区约束条件后的MILP模型应用于包含离散安全运行区机组的水电站短期调度问题，以隔河岩水电站不同调度期的调度方案计算为例，验证了它的有效性。

需要说明的是，本章构建的MILP模型尽管在三峡水电站以及包含离散安全运行区机组的隔河岩水电站短期调度问题中取得了不错的应用效果，然而不同水电站中机组的出力特征差异很大，例如，我国南方地区一些水电站的机组具有多振动区（申建建等，2011；Cheng et al.，2012b），未来可以尝试在 MILP 模型中补充一些新的约束条件，或者根据具体问题进行具体分析，考虑一些新的建模方法。

第3章　梯级水库中期调度的知识方法

梯级水库规模庞大、水头高、库容大、电站装机容量大，如果简化模拟可能导致联合调度效益得不到充分发挥，因此需要提高梯级水库中期调度模型的精度。以三峡为代表的一些梯级水电站具有多机组、异机型的特点，水电站动力特征具有强非线性。已有研究一般采用恒定的综合出力系数描述水电站出力特征，这样简化处理在过去的研究或应用中是必要的，因为水力发电计算模型包含水库调度与水电站机组组合两层嵌套优化结构(李芳芳，2011)。直接考虑两层嵌套优化，也就是具体到每台机组的运行情况时，发电计算模型不连续且不可微(Labadie，2004)，增加了求解难度。然而，简化处理可能导致水量和水头在时空上不合理的或次优的分配，造成水和水能资源的浪费。

针对上述问题，本章提出一种知识方法，它的基本思路是将所有可能情况下的水电站机组组合进行预先计算，将所有可能的、最优的机组组合方案以知识表达形式存储到数据库中，给定水头和总发电流量通过知识函数来查找水电站内所有机组的总出力。该方法能够考虑到水电站内每一台机组的出力特征，可以达到减少计算时间和内存、避免额外计算的目的。

本章的主体结构安排如下：3.1 节介绍传统的水力发电计算模型；3.2 节建立水电站机组组合模型，并提出知识方法来管理和查询水电站机组组合优化结果；3.3 节结合具体应用，也就是计算 2010 年三峡梯级的理论最大发电量，参照实际调度数据做对比分析；3.4 节结合实例应用，与相关研究工作进行对比分析。需要注意的是，这里以日作为水库中期调度的计算时段长。

3.1　传统发电计算模型

以梯级水库发电量最大作为目标函数，可表示为

$$\max \quad \sum_{t=1}^{T} f_t(\boldsymbol{S}(t), \boldsymbol{R}(t)) \tag{3-1}$$

式中

$$f_t(\cdot)=\sum_{i=1}^{n}N_i(t)\times\Delta t=\sum_{i=1}^{n}9.81\times\eta_i(t)\times\overline{H}_i(t)\times R_i'(t)\times\Delta t\ ,\quad \forall t \tag{3-2}$$

$$R_i(t)=R_i'(t)+R_i''(t)\ ,\quad \forall t\ ,\ \forall i \tag{3-3}$$

$$\overline{H}_i(t)=\mathrm{HF}_i(t)-\mathrm{HT}_i(t)-\mathrm{HL}_i(t)\ ,\quad \forall t\ ,\ \forall i \tag{3-4}$$

式中，t 为时段索引，$t\in[1,T]$，T 为时段数；i 为水库索引，$i\in[1,n]$，n 为水库数；$f_t(\cdot)$ 为梯级水库在时段 t 的目标函数值，这里特指梯级水库在时段 t 的发电量；$\boldsymbol{S}(t)$ 为梯级水库在时段 t 初的库容向量，$\boldsymbol{S}(t)=[S_1(t),\cdots,S_i(t),\cdots,S_n(t)]^{\mathrm{T}}$；$\boldsymbol{R}(t)$ 为梯级水库在时段 t 的下泄流量向量，$\boldsymbol{R}(t)=[R_1(t),\cdots,R_i(t),\cdots,R_n(t)]^{\mathrm{T}}$；$\overline{H}_i(t)$ 为水库 i 在时段 t 的平均水头，它等于坝前平均水位 $\mathrm{HF}_i(t)$ 与坝后平均水位 $\mathrm{HT}_i(t)$ 和水头损失 $\mathrm{HL}_i(t)$ 之差；$R_i'(t)$ 和 $R_i''(t)$ 分别为水库 i 在时段 t 的发电流量和非发电流量；$N_i(t)$ 为水库 i 的水电站在时段 t 的出力；$\eta_i(t)$ 为水库 i 的水电站发电效率，综合出力系数 $K_i(t)=9.81\times\eta_i(t)$；$\Delta t$ 为时段长。

梯级水库运行的约束条件包含水量平衡约束、初始和终止库容约束、最大/最小库容约束、最大/最小下泄流量约束、最大/最小出力约束、坝前水位变幅约束等。

(1) 水量平衡约束：

$$\boldsymbol{S}(t+1)=\boldsymbol{S}(t)+\boldsymbol{I}(t)\cdot\Delta t-\boldsymbol{M}\cdot\boldsymbol{R}(t)\cdot\Delta t\ ,\quad \forall t \tag{3-5}$$

式中，$\boldsymbol{I}(t)$ 为梯级水库在时段 t 的入库流量向量；$\boldsymbol{M}$ 为 $n\times n$ 维梯级水库的水力联系矩阵。这里假设蒸发考虑到入库流量中。

(2) 初始和终止库容约束：

$$\boldsymbol{S}(1)=\boldsymbol{S}^{\mathrm{initial}} \tag{3-6}$$

$$\boldsymbol{S}(T+1)\geqslant\boldsymbol{S}^{\mathrm{final}} \tag{3-7}$$

式中，$\boldsymbol{S}^{\mathrm{initial}}$ 为梯级水库在调度期初的库容向量；$\boldsymbol{S}^{\mathrm{final}}$ 为梯级水库在调度期末的期望库容向量。

(3) 最大/最小库容约束：

$$\boldsymbol{S}^{\min}(t+1)\leqslant\boldsymbol{S}(t+1)\leqslant\boldsymbol{S}^{\max}(t+1)\ ,\quad \forall t \tag{3-8}$$

式中，$\boldsymbol{S}^{\min}(t+1)$ 和 $\boldsymbol{S}^{\max}(t+1)$ 分别为梯级水库在时段 t 末的最小与最大库容向量。

(4) 最大/最小下泄流量约束：

$$\boldsymbol{R}^{\min}(t) \leqslant \boldsymbol{R}(t) \leqslant \boldsymbol{R}^{\max}(t)\,, \quad \forall t \tag{3-9}$$

式中，$\boldsymbol{R}^{\min}(t)$ 和 $\boldsymbol{R}^{\max}(t)$ 分别为梯级水库在时段 t 的最小与最大下泄流量向量。

(5) 最大/最小出力约束：

$$\boldsymbol{N}^{\min}(t) \leqslant \boldsymbol{N}(t) \leqslant \boldsymbol{N}^{\max}(t)\,, \quad \forall t \tag{3-10}$$

式中，$\boldsymbol{N}(t)$ 为梯级水库在时段 t 的出力向量，$\boldsymbol{N}(t)=[N_1(t),\cdots,N_i(t),\cdots,N_n(t)]^{\mathrm{T}}$；$\boldsymbol{N}^{\min}(t)$ 和 $\boldsymbol{N}^{\max}(t)$ 分别为梯级水库在时段 t 的最小与最大出力向量。

(6) 坝前水位变幅约束：

$$\Delta\mathbf{HF}^{\min}(t) \leqslant \mathbf{HF}(t+1) - \mathbf{HF}(t) \leqslant \Delta\mathbf{HF}^{\max}(t)\,, \quad \forall t \tag{3-11}$$

式中，$\Delta\mathbf{HF}^{\min}(t)$ 和 $\Delta\mathbf{HF}^{\max}(t)$ 分别为梯级水库在时段 t 的最小与最大坝前水位变幅向量。

式 (3-1) ～式 (3-11) 构成了传统的梯级水库发电优化计算模型。其中，水电站发电效率 $\eta_i(t)$ 为平均水头和发电流量的非线性函数，平均水头为库容和下泄流量的非线性函数，因此式 (3-2) 具有强非线性；由于式 (3-2) 存在多个局部极值点，它又具有强非凸性。系统内某一水库在当前时段的决策将影响到水库本身及与它具有联系的其他水库在未来时段的决策过程，因而具有动态性；计算时段数和水库数增加时，将会导致时间高维和空间高维问题，优化可能涉及成千上万个决策变量和约束条件。综上所述，由于这些复杂特征，即使采用恒定的综合出力系数 $K_i(t)$ 来描述水电站的出力特征，有效求解仍然是一个棘手的问题。

3.2　基于知识的方法

3.2.1　水电站机组组合模型

恒定的综合出力系数假设水电站在任意水头和发电流量下发电效率不

变，这不符合能量转化的关系，尤其是对于安装有许多异机型机组的水电站，发电效率的非线性更强。对于水库中期调度，如果使用恒定的综合出力系数，则很可能会导致水量和水头在时间及空间上不合理的或次优的分配，进而导致水和水能资源的浪费。水电站发电效率 $\eta_i(t)$ 为平均水头和发电流量的函数，因此可将式(3-2)改写为

$$f_t(\cdot)=\sum_{i=1}^{n}N_i(t)\times\Delta t=\sum_{i=1}^{n}\varphi_i(\bar{H}_i(t),R_i'(t))\times\Delta t\ ,\quad \forall t \tag{3-12}$$

式中，$\varphi_i(\cdot)$ 为水库 i 的水电站出力函数。

式(3-12)是一个两层嵌套优化结构，包含外层的水库调度和内层的水电站机组组合，如图 3.1 所示。其中，外层水库调度的内容是在时空上分配水库的下泄流量和水头；内层水电站机组组合的内容是在时空上分配机组的开关机状态和发电流量。考虑机组后，式(3-12)的出力计算可进一步表示为

$$N_i(t)=\varphi_i(\bar{H}_i(t),R_i'(t))=\varphi_i(\bar{H}_i(t),z_{i,j}(t),R_{i,j}'(t))\ ,\quad \forall t,\ \forall i \tag{3-13}$$

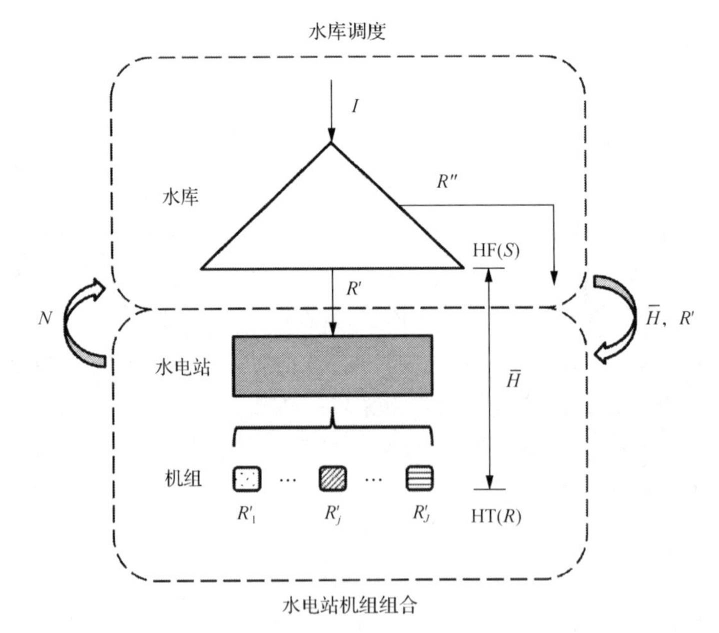

图 3.1　水库调度和水电站机组组合(Li et al., 2013a)

它需满足下列条件：

$$R_i'(t)=\sum_{j=1}^{J} z_{i,j}(t)\times R_{i,j}'(t),\quad \forall t,\ \forall i \tag{3-14}$$

$$z_{i,j}(t)\in\{0,1\},\quad \forall t,\ \forall i,\ \forall j \tag{3-15}$$

$$R_{i,j}'^{\min}(t)\leqslant R_{i,j}'(t)\leqslant R_{i,j}'^{\max}(t),\quad \forall t,\ \forall i,\ \forall j \tag{3-16}$$

$$\bar{H}_i^{\min}(t)\leqslant \bar{H}_i(t)\leqslant \bar{H}_i^{\max}(t),\quad \forall t,\ \forall i \tag{3-17}$$

式中，j为水库i的水电站的机组索引，$j\in[1,J]$，J为机组数；$z_{i,j}(t)$为水库i的水电站中机组j在时段t的开关机状态，$z_{i,j}(t)=1$表示开机，$z_{i,j}(t)=0$表示关机；$R_{i,j}'(t)$为水库i的水电站中机组j在时段t的发电流量；$R_{i,j}'^{\min}(t)$和$R_{i,j}'^{\max}(t)$分别为水库i的水电站中机组j在时段t的最小与最大发电流量；$\bar{H}_i^{\min}(t)$和$\bar{H}_i^{\max}(t)$分别为水库i的水电站在时段t的最小与最大平均水头。式(3-13)～式(3-17)构成了水电站机组组合的基本模型，该模型涉及混合整数规划内容，由于引入了0/1变量，具有不连续、不可微的计算特点。

综上所述，当同时考虑水库调度和水电站机组组合两方面内容时，完整的模型可能是优化领域里最复杂的问题。这是因为完整的模型具有两方面内容结合的特点和难点，即强非线性、强非凸性、高维性、动态性、涉及混合整数规划、不连续、不可微。另外，由于完整模型具有两层嵌套优化结构，直接优化两层结构时，每次外层计算都需要搜索所有内层情况，并返回在该外层情况下的最优内层结果，这将造成计算时间过长、占用计算内存过大以及大量重复计算的问题。

3.2.2　知识方法

可以注意到在式(3-13)～式(3-17)中，主要关注的是$\bar{H}_i-R_i'-N_i$三者的关系。因此，一种解决思路是对所有可能工况下的水电站机组组合进行预先计算，将所有最优的水电站机组组合方案以$\bar{H}_i-R_i'-N_i$形式存储到数据库中，当给定水电站水头和总发电流量后可通过查询函数来查找水电站中所有机组的总出力。简言之，就是将两层嵌套优化结构的内层预先计算、存储结果供外层计算调用，在外层水库调度优化时不再进行内层水电站机组组合计算，而是将它视为一个“黑箱”，通过输入水头和总发电流量，直接得到水电站中所有机组的总出力。这样处理能够达到减少计算时间和内存、避免额外计算的效果，将这种方法称为知识方法，$\bar{H}_i$ - R'_i - N_i 称为知识表达，查询函数称为知识函数，下面分别进行说明。

3.2.2.1 知识表达

采用 DP 算法获取知识表达，原因是：①DP 算法能够将水电站机组组合的混合整数规划问题转化为一个多阶段决策过程问题，也就是将每个阶段视为一台机组，从而避免了直接求解整数规划的难题；②DP 算法的离散形式能够适应非线性、非凸性的机组出力特征曲线(见 1.3.3 节)，从而提高模拟精度；③DP 算法能够得到一定离散精度下的全局最优解，从而保证获取知识的最优性。

根据“以水定电”的优化准则(张勇传，1998)，给定水库 i 的水电站水头和发电流量，有 DP 算法的前向递推方程：

$$N_j^*(\hat{R}'_j) = \max_{R'^{\min}_j \leqslant R'_j \leqslant R'^{\max}_j} [N_j(R'_j) + N_{j-1}^*(\hat{R}'_{j-1})] \tag{3-18}$$

$$R'_j = \hat{R}'_j - \hat{R}'_{j-1} \tag{3-19}$$

$$R'_i = \hat{R}'_J \tag{3-20}$$

$$N_i = N_J^*(\hat{R}'_J) \tag{3-21}$$

式中，$\hat{R}'_j$ 为机组 1～j 的总发电流量；R'_j 为机组 j 的发电流量；$N_j(\cdot)$ 为机组 j 的出力；$N_j^*(\cdot)$ 为机组 1～j 的最大累计出力值。

图 3.2 为已知水库 i 的水电站水头 $\bar{H}_i$ 和总发电流量 R'_i，使用 DP 算法获取知识表达，其中 $j-1$、j、$j+1$ 分别代表 3 台机组，$R'^{\max}_{j-1}$、$R'^{\max}_j$、$R'^{\max}_{j+1}$ 分别代表这 3 台机组允许的最大发电流量。根据给定水头，查找到水电站中每台机组在该水头下的出力特征曲线，将其进行离散，并按照机组编号顺序依次执行式(3-18)的计算，其中每一阶段(如机组 j)计算的最优值将被存储在计算内存中为下一阶段(如机组 $j+1$)使用，递推计算式(3-18)直到最后一台机组(即机组 J)完成为止，各机组的发电流量之和应等于给定总发电流量。通过追溯最优路径就能够得到水电站在给定水头和总发电流量下所有机组的

出力值。给定不同的水头和总发电流量，重复执行这一递推过程便可得到知识表达，如图3.2所示为按照$\overline{H}_{i,t}$、R_i'和N_i升序排列的知识表达。特别注意的是。由于研究的是水库中期调度问题，且以日作为计算时段长，这里假设不考虑计算时段内的开关机及其耗水损失，以及机组振动、空穴等影响。正是由于这些假设，水电站中所有机组的总出力N_i是在给定水头$\overline{H}_i$和总发电流量R_i'条件下的最优值。另外，知识表达的记录不宜过多，否则将影响外层水库调度优化的计算效率。

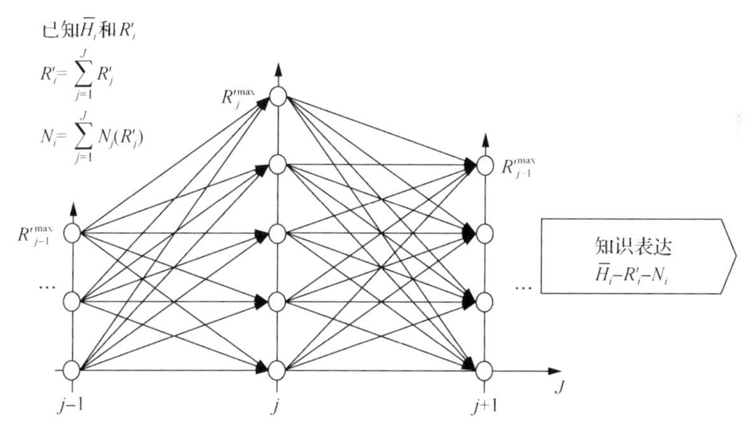

图3.2 采用DP算法获取知识表达(Li et al., 2013a)

3.2.2.2 知识函数

知识函数本质上是对知识表达进行二维线性插值计算。图3.3为知识函数的计算步骤，其中$g_1(\cdot)$为向下取整函数，$g_2(\cdot)$为向上取整函数，Move(·)为SQL语言中移动到某一记录行的函数，L_h为某一水头h下记录的数量，Δh和DS分别为知识表达中的水头区间与总发电流量离散区间大小。知识函数的计算步骤有：①定位$\overline{H}_i$在知识表达的插值区间(即$h \leqslant \overline{H}_i < h+\Delta h$)，并计算$h$的起始行号(即$L$)；②计算插值区间的水头$\overline{H}_i^a$和$\overline{H}_i^b$和发电流量$R_i'^c$和$R_i'^d$；③计算插值区间的四个顶点$(\overline{H}_i^a, R_i'^c)$、$(\overline{H}_i^a, R_i'^d)$、$(\overline{H}_i^b, R_i'^c)$和$(\overline{H}_i^b, R_i'^d)$在知识表达中的行号；④移动到指定行读取插值区间的出力值N_i^{ac}、N_i^{ad}、N_i^{bc}和N_i^{bd}；⑤根据插值区间的出力值采用权重组合方法计算最优出力值N_i。

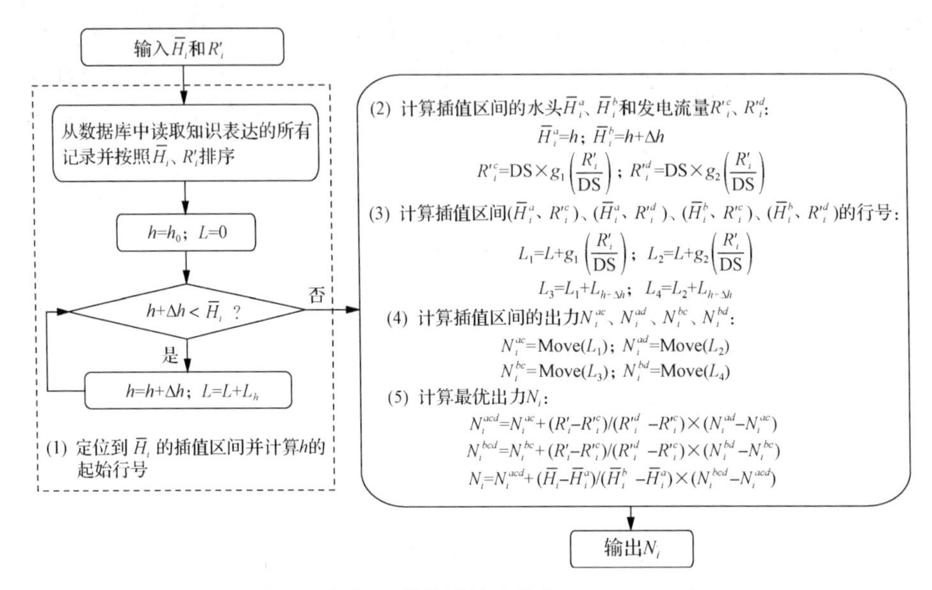

图 3.3　知识函数的计算步骤(Li et al., 2013a)

3.3　三峡梯级理论最大发电量计算

这里结合实例应用来说明知识方法，本例的目的是尝试回答三峡梯级的理论最大发电量、提升空间及出处。将三峡和葛洲坝两座水电站($n=2$)分别标示为$i=1$和$i=2$，如图 3.4 所示。研究采用的是 2010 年梯级水库的工程、水文、调度和规程日数据，因此问题包含有 365 个计算时段($T=365$)。

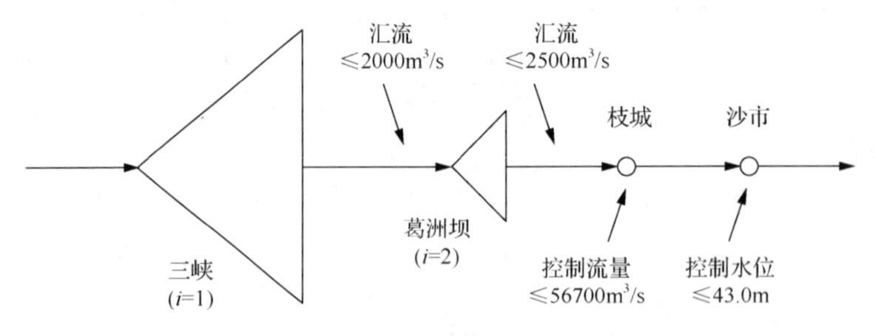

图 3.4　三峡梯级水库概化(Li et al., 2013a)

需要注意的是，在实际调度中，三峡梯级水库的发电必须满足电网指令，而这里并不考虑电网的约束。

2010年，三峡水电站安装有26台[①]700MW机组，电站总装机容量达18200MW；葛洲坝水电站安装有2台170MW机组、2台146MW机组和17台125MW机组，电站总装机容量达2757MW。三峡梯级及其机组的特征参数见1.3节。

三峡水库库容大、梯级电站装机容量大、机组多且机型异的特点，以及本例为计算三峡梯级理论最大发电量，既要采用高时间分辨率(1日为计算时段，共计365个计算时段)，又要保证全局最优性的要求，为精确模拟和可行计算研究带来极大挑战。

3.3.1　综合出力系数的问题

图3.5为2010年三峡和葛洲坝水电站的计算综合出力系数，它由电站实际日平均出力除以日平均水头和发电流量计算得到；为方便对比，图中还给出了建议综合出力系数(三峡取8.65，葛洲坝取8.35)。可以看出：综合出力系数实际是一个变量。

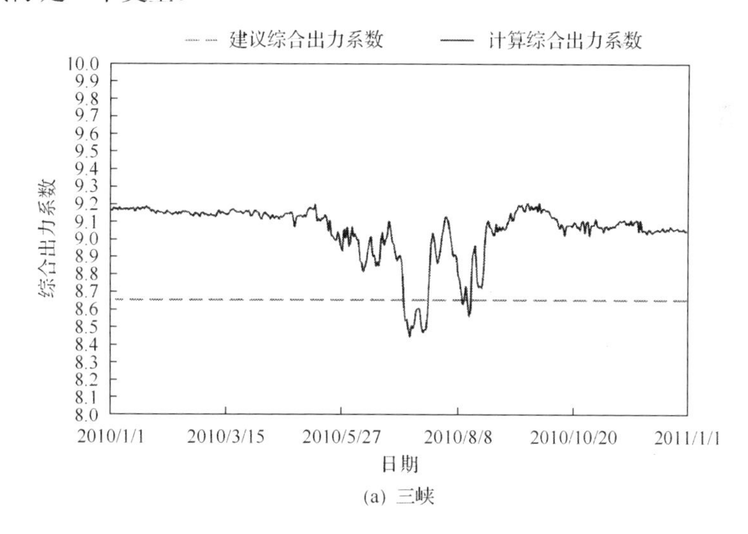

(a) 三峡

① 三峡水电站的机组从2003～2012年陆续安装并投产运行，分布在左岸电站、右岸电站和地下电站，这里26台机组指的是左岸电站和右岸电站的26台机组。

(b) 葛洲坝

图 3.5　建议与计算综合出力系数对比(Li et al., 2013a)

3.3.2　水电站机组组合单层优化

本节采用一个数值例子来说明知识方法，并将知识方法应用到三峡梯级的水电站机组组合单层优化计算来检验模型的模拟效果。

令 $DS = 100\,m^3/s$ 和 $\Delta h = 1\,m$，分别得到三峡左、右岸电站 26 台机组和葛洲坝大江、二江电站 21 台机组的知识表达。以三峡电站数据为例，如图 3.6 所示，给定 $\bar{H}_{1,t}$=90.5m、$R'_{1,t}$=10020.0m^3/s，通过知识函数在知识表达中定位出插值区间的四个顶点(90,10000,8355.11)、(90,10100,8442.61)、(91,10000,8448.07)

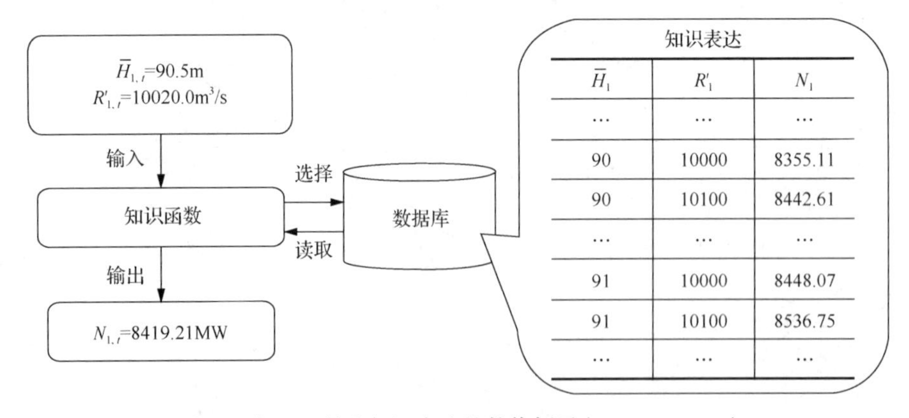

图 3.6　知识函数和知识表达的数值例子(Li et al., 2013a)

和(91,10100,8536.75)，接着通过权重组合方法计算出最优出力值 $N_{1,t}=$ 8419.21MW。

按照上述方法，将 2010 年三峡和葛洲坝的实际日流量和水位数据作为输入条件，便可以得到 2010 年三峡和葛洲坝水电站机组组合单层优化的发电量结果，如图 3.7 所示，为方便比较图中还给出 2010 年的实际日发电量。可以看出：经水电站机组组合单层优化后，三峡和葛洲坝的发电量都较实际有所提高，其中三峡增发电量 2.04%(17.1 亿 kW·h)，葛洲坝增发电量 0.75% (1.2 亿 kW·h)，系统总增发电量 1.83%(18.3 亿 kW·h)，如表 3.1 所示。

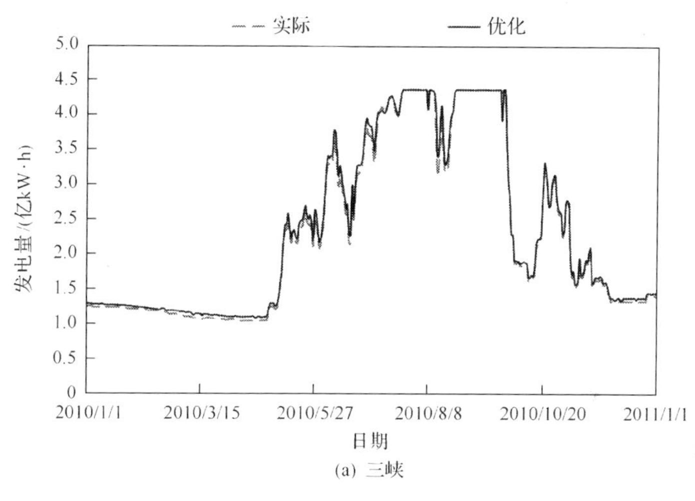

(a) 三峡

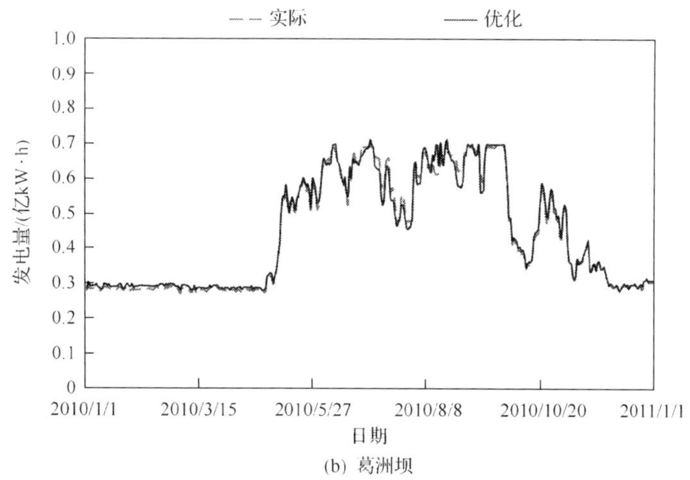

(b) 葛洲坝

图 3.7　单层优化与实际调度发电量对比(Li et al., 2013a)

表 3.1　2010 年三峡梯级水电站机组组合单层优化计算结果（Li et al., 2013a）

电站	实际电量/(亿 kW·h)	优化电量/(亿 kW·h)	年发电增量/(亿 kW·h)	提高百分比/%
三峡	839.4	856.5	17.1	2.04
葛洲坝	161.0	162.2	1.2	0.75
梯级总	1000.4	1018.7	18.3	1.83

因此使用知识方法能够给出水电站机组组合的理论最大发电量，对比实际调度可得到水电站机组组合的理论最大提升空间。增发电量部分可能主要来自实际调度的水量渗漏损失、日内机组开关机造成的耗水损失、考虑机组振动区带来的耗水损失、机组检修等。

3.3.3　梯级水库调度和水电站机组组合双层优化

这里将知识方法与并行 DP 算法（见第 4 章）结合应用到三峡梯级的梯级水库调度和水电站机组组合双层优化计算中。

3.3.3.1　优化计算条件

优化计算采用的数据或约束资料如下。

(1) 各水库库容-坝前水位关系曲线。

(2) 各水库下泄流量-坝后水位关系曲线。

(3) 各电站中各机组出力限制曲线。

(4) 径流资料，采用 2010 年三峡的日入库径流；采用式(3-22)计算葛洲坝的日入库流量：

$$I_2(t) = \delta(t) \times R_1(t) \tag{3-22}$$

式中，$\delta(t)$ 为 2010 年葛洲坝的实际日入库流量与三峡的实际日下泄流量的比率，由于三峡和葛洲坝间水流时滞大约为 30min，而这里采用的是日数据，这样处理可简化计算水动力以及区间汇流情况；$R_1(t)$ 为三峡在时段 t 的日下泄流量。

(5) 各水库初始和终止水位：采用三峡、葛洲坝 2010 年实际调度的初始和终止水位，即三峡取 169.41m 和 174.65m，葛洲坝取 65.36m 和 65.21m，这样可以保证优化计算和历史实际调度使用的水量相同。

(6) 各水库水位和流量控制条件：见 1.3.4 节调度规程。需要注意的是，三峡坝前水位日变幅是一个重要约束条件，它影响着三峡坝区上下游的安全。

(7) 其他约束条件如下。三峡的首要任务是汛期防洪，基本要求包括：除非发生大洪水，三峡的坝前水位要控制在 145.0m 附近运行；当大洪水过后，三峡的坝前水位要迅速降至 145.0m 附近；三峡的下泄流量需要同时满足控制其下游的枝城流量不超过 56700m^3/s 和沙市水位不超过 43.0m 两个条件。从 2010 年历史实际水文数据了解到，三峡和葛洲坝区间最大汇流不超过 2000m^3/s，葛洲坝和枝城区间最大汇流不超过 2500m^3/s，如图 3.4 所示。因此，从理论上讲，三峡的最大下泄流量允许达到 50000m^3/s 左右。然而在 2010 年，三峡的实际最大下泄流量为 40500m^3/s。为与实际调度情况有可比性，优化计算时以 40500m^3/s 作为三峡允许的最大下泄流量来控制。另外，在 2010 年汛期，三峡遭遇多场洪水，坝前水位数次超出 145.0m 运行。这里为简化处理，采用三峡在 2010 年的实际坝前水位与三峡最大和最小水位限制的并集作为水位控制条件。

葛洲坝的坝前水位控制范围为 63.5～66.5m。然而从 2010 年历史调度数据了解到，葛洲坝的坝前水位日间变幅很小。因此，优化计算时，以葛洲坝在 2010 年每个月的实际最大和最小水位作为控制条件。另外，葛洲坝在 2010 年的实际最大下泄流量为 42400m^3/s，因此优化计算时以 42400m^3/s 作为葛洲坝允许的最大下泄流量来控制。

上述约束条件在优化计算时通过在目标函数中施加惩罚项加以控制。

3.3.3.2　优化计算方法

这里采用并行 DP 算法优化三峡梯级水库调度。DP 算法的前向递推方程可表示为

$$F_{t+1}^*(\boldsymbol{S}(t+1)) = \max\{f_t(\boldsymbol{S}(t), \boldsymbol{S}(t+1)) + F_t^*(\boldsymbol{S}(t))\} \tag{3-23}$$

式中，$F_t^*(\cdot)$ 为从调度期初到时段 t 初的梯级水库联合运行的最大累计目标函数值；$F_{t+1}^*(\cdot)$ 为从调度期初到时段 t 末的梯级水库联合运行的最大累计目标函数值；$f_t(\cdot)$ 为时段 t 的目标函数值，计算采用式(3-12)，即采用知识方法。梯级水库调度优化采用 DP 算法的原因是它所得到的解在一定离散精度下有全局最优性保证，有关并行 DP 算法的内容详见第 4 章。

优化计算时，将三峡水库的有效库容离散为 1000 个库容状态，葛洲坝水库的有效库容离散为 10 个库容状态，因而库容状态组合为 1000×10=10000。这样离散的原因是三峡水库库容大、水头高、电站装机容量大，微小的库容

变化可能对系统整体运行带来巨大影响；葛洲坝水库是三峡的反调节水库，水库库容相对小、水头相对低、电站装机容量相对小，与三峡相比葛洲坝的库容变化对系统整体运行影响相对较小。

任意时段下，DP 算法的状态转移计算如图 3.8 所示，其中$C(p_t,t)$、$C(p_{t+1},t+1)$分别为时段t初和末的梯级水库库容状态组合，它们可以转化为时段t初和末的三峡与葛洲坝的库容状态$S_1(t)$、$S_2(t)$及$S_1(t+1)$、$S_2(t+1)$；根据水量平衡方程推求各水库的下泄流量；根据水库库容-坝前水位关系以及下泄流量-坝后水位关系推求水头；根据水电站出力限制推求发电流量和非发电流量；通过知识方法查询三峡和葛洲坝的水电站总出力$N_1(t)$和$N_2(t)$，进而得到梯级水库的总出力，也就是目标函数$f_t(\cdot)$。通过上述计算，也就是将并行 DP 算法与知识方法结合，实现了梯级水库调度和水电站机组组合双层优化。在高性能计算系统上(见第 4 章)，使用并行 DP 算法调用 300 个计算进程完成上述计算，时钟时间仅为 0.35h。

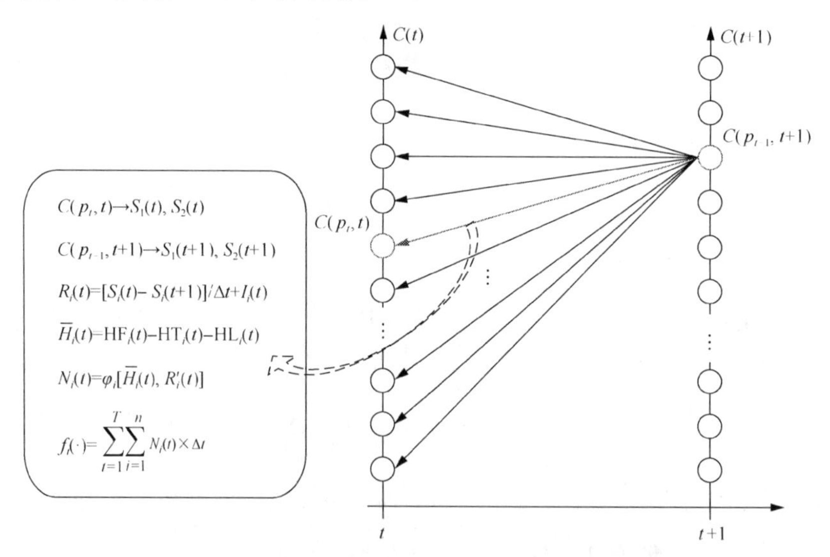

图 3.8　并行 DP 算法与知识方法结合实现梯级水库调度和水电站机组组合双层优化(Li et al., 2013a)

3.3.3.3　优化计算结果

1) 发电量对比

图 3.9 为三峡梯级水库调度和水电站机组组合双层优化的发电量结果，为方便比较，图中还给出 2010 年的实际发电过程。可以看出：经双层优化后，得到

的 2010 年三峡梯级在调度规程约束下的理论最大发电量为 1035.0 亿 kW·h，实际调度有 3.46%(34.6 亿 kW·h)的发电提升空间，增发电量中有 30.6 亿 kW·h 来自三峡水电站，有 4.0 亿 kW·h 来自葛洲坝水电站，如表 3.2 所示。假设水电站机组组合的效益提升空间一定，即三峡的 17.1 亿 kW·h 和葛洲坝的 1.2 亿 kW·h(表 3.1)，那么三峡梯级水库调度的效益提升空间为 34.6 亿 kW·h−18.3 亿 kW·h=16.3 亿 kW·h，其中有 30.6 亿 kW·h−17.1 亿 kW·h=13.5 亿 kW·h 来自三峡水电站，有 4.0 亿 kW·h−1.2 亿 kW·h=2.8 亿 kW·h 来自葛洲坝水电站。

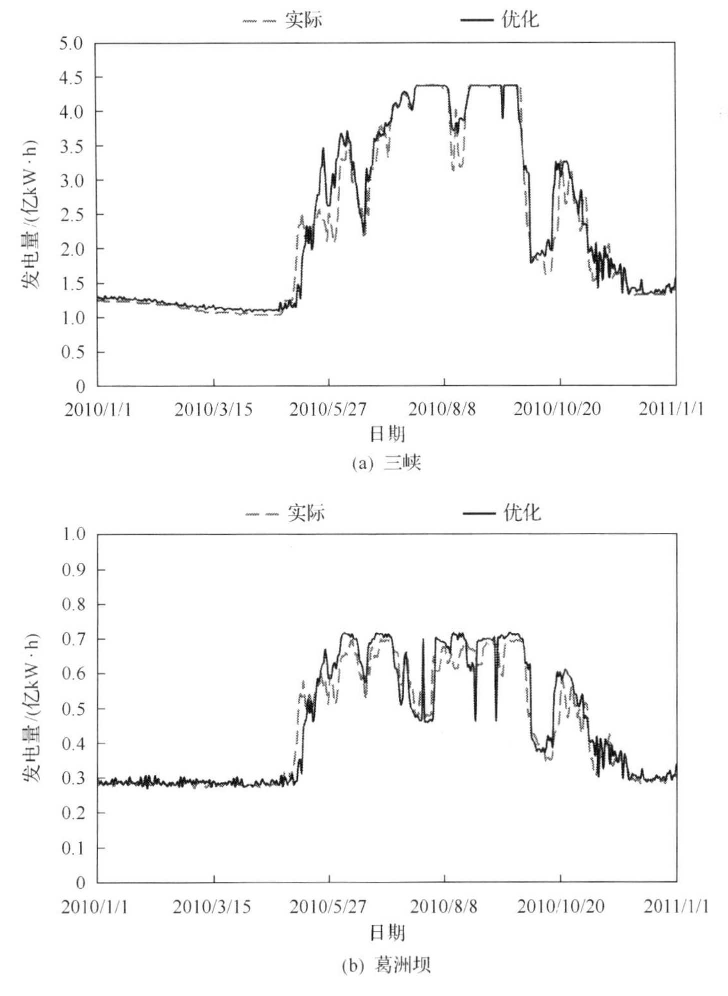

图 3.9　双层优化与实际调度发电量对比(Li et al., 2013a)

表 3.2　2010 年三峡梯级水库调度和水电站机组组合双层优化计算结果(Li et al., 2013a)

电站	实际年发电量/(亿 kW · h)	优化年发电量/(亿 kW · h)	年发电量增加值/(亿 kW · h)	提高百分比/%
三峡	839.4	870.0	30.6	3.65
葛洲坝	161.0	165.0	4.0	2.48
梯级总	1000.4	1035.0	34.6	3.46

图 3.10 为各月优化调度较实际调度的发电量增加幅度。可以看出：三峡梯级增发电量主要集中在 6 月和 10 月(即消落期和蓄水期)；三峡各月的优化电量较实际电量有不同程度提高；葛洲坝各月的优化电量较实际电量增减不一。

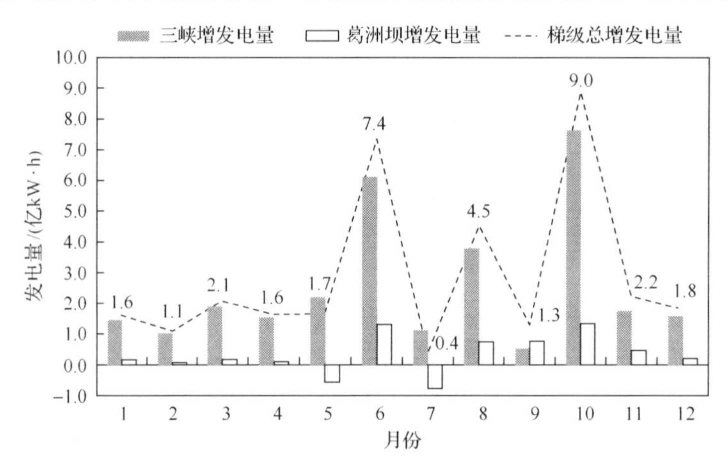

图 3.10　各月优化调度较实际调度的发电量增加幅度

2) 坝前水位对比

图 3.11 为优化与实际调度坝前水位对比，为方便比较，图中还给出最大和最小水位允许范围。可以看出：优化调度的坝前水位控制在水位允许范围内；增发电量主要来自提高三峡在消落期和蓄水期的坝前水位，以及降低葛洲坝在供水期的坝前水位(葛洲坝坝前水位影响三峡坝后水位和水头)；另外由于施加了坝前水位日变幅约束，坝前水位和电量日间变幅控制在允许范围。

最后需要强调的是：本例虽然给出了梯级水库调度和水电站机组组合双层优化的理论提升空间，根据水电站机组组合单层优化结果推求了梯级水库优化调度的理论提升空间，经验证结果满足给定的约束条件，然而，这里采用的是确定性优化，也就是三峡梯级的入库流量预见期达到 1 年，而实际调度依据的是预报来流，具有不确定性，因而实际调度只能接近却不能够达到理论结果。除此之外，三峡梯级水库在实际调度中还需要服从上级管理单位的行政命令以及电网的约束，这里并未考虑。

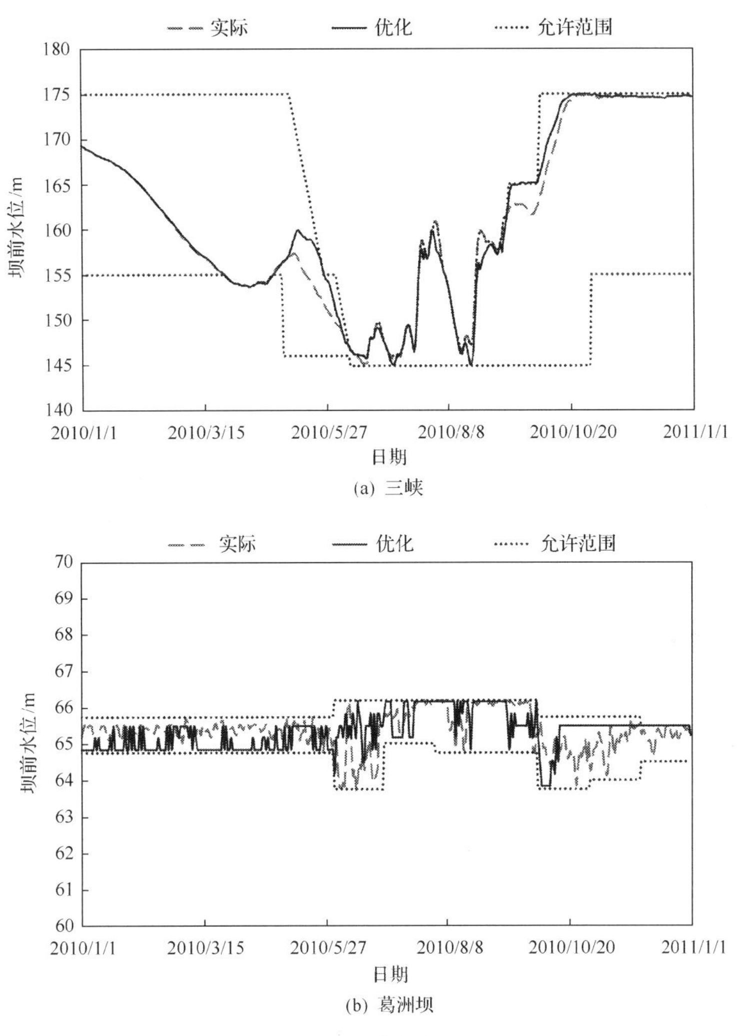

图 3.11　优化与实际调度坝前水位对比(Li et al., 2013a)

通过本例可以看出：采用知识方法用于以日为计算时段长的梯级水库调度问题，模拟或优化水电站机组组合计算出力效果好，结合梯级水库优化调度方法(这里采用并行 DP 算法)，能够充分利用水头和水量，最大化发电效益。知识方法能够避免不必要的计算、节省内存，并行 DP 算法可以提高计算速度，二者结合不仅可以用作梯级水库中期调度模型为短期调度提供合理的控制边界，还可以用于定量评估梯级水库发电运行情况，回答梯级水库发电调度的理论最大值和提升空间。

3.4　与相关研究对比

与 3.3 节实例相关的还有如下研究工作。

Cao 等(2007)建立了三峡梯级水库调度的日优化模型，并以平水年和 2004～2006 年的水文数据作为模型输入，预测三峡水库蓄水达 175m、水电站装机达 26 台后，以当前调度规程运行的年发电效益以及以改变调度规程运行的年发电效益提升空间。Cao 等的模型中，将机组作为基本的发电单元，也就是考虑了水库调度和水电站机组组合两层计算。其中，水库调度层采用 GA 算法优化三峡下泄流量和葛洲坝坝前水位，水电站机组组合层在确定机组开机台数后按等负荷分配。由于水库调度层决策变量的维数很大(有 730 个或 732 个)，决策变量中三峡下泄流量控制范围很大(即 4000～11000m^3/s)，为避免 GA 算法无效个体过多导致寻优计算不可行，或者偶尔产生的有效个体导致 GA 算法“早熟”收敛，在计算中采用了人工水位和流量分步式引导，也就是以历史实际调度过程线为基准进行上下方向放大，并与调度规程取交集作为三峡坝前水位的允许运行区间，进而对三峡下泄流量进行引导，如图 3.12 所示。

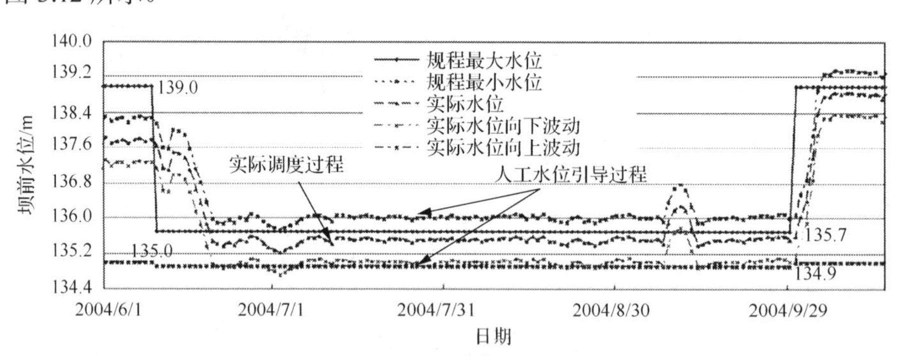

图 3.12　Cao 等(2007)采用的人工水位引导

Li 等(2013b)提出一种分层方法优化三峡梯级水库运行，计算了 2004 年和 2005 年三峡梯级水库的理论最大发电量。分层方法首先采用 GA 算法进行月尺度优化，以发电量最大作为目标函数，采用恒定的综合出力系数方法计算每月的发电量；然后固定月尺度优化结点，再次采用 GA 算法进行每月内的日尺度优化，同样以发电量最大作为目标函数，采用 LP 算法优化水电站机组组合计算每日的发电量。

与上述研究成果对比：①采用提出的知识方法提前将优化计算任务完成，能够避免简化水电站机组组合计算，如 Cao 等采用等负荷分配，也能够避免直接优化两层结构，而 Li 等采用 GA 算法计算外层水库调度、采用 LP 算法计算内层水电站机组组合，这可能占用大量机时和内存；②并行 DP 算法(见第 4 章)能够直接适用于水库调度的多阶段决策过程，不受水库调度可行区间动态变化的困扰，而 Cao 等在使用 GA 算法引入人工水位和流量引导，原因是如果不加以引导 GA 算法会产生大量不可行解，导致计算失效，究其原因是水库调度本质上是一个可行区间动态变化的多阶段决策过程；由于并行 DP 算法随计算时段数增加，求解复杂度线性增加，因而不受时间高维问题(这里时间维是 365 个)的困扰，而 Li 等采用分层方法对时间域做降维处理，原因是 GA 算法的求解复杂度随计算时段数的增加显著增加，因此需要减少每次计算的变量维数；③组合方法不依赖于历史调度过程，因而具有通用性和可扩展性。

3.5　本 章 小 结

本章提出在以日为计算步长的梯级水库中期调度中，尤其是对于安装有异机型机组的大型水电站，使用恒定的综合出力系数计算水电站出力可能会造成水量和水头在时空域上不合理的或次优的分配，进而引起水和水能资源的浪费。为提高水库中期调度的模拟精度，本章认为在模型中需要考虑水电站机组的出力特征，在计算中需要考虑水库调度和水电站机组组合双层优化内容，并提出知识方法来管理和查询水电站机组组合优化结果。

本章以三峡梯级水库理论最大发电量计算为例，证明了采用知识方法模拟或优化水电站机组组合计算出力效果好，结合水库优化调度方法(这里采用并行 DP 算法)，可实现梯级水库调度-水电站机组组合双层优化，在不增加计算内存和额外计算的前提下，可充分利用水头和水量，最大化发电效益；双层优化方法不仅可以用作梯级水库中期调度模型为短期调度提供合理的控制边界，还可以用于定量评估梯级水库发电运行情况，回答梯级水库发电调度的理论最大值和提升空间。例如，这里给出 2010 年三峡梯级的理论最大发电量是 1035.0 亿 kW·h，理论最大提升空间是 3.46%(34.6 亿 kW·h)，其中 18.3 亿 kW·h 来自水电站机组组合优化，16.3 亿 kW·h 来自梯级水库调度优化。

与相关研究对比可知，知识方法能够减少计算内存需求、避免水库调度和水电站机组组合的嵌套优化计算，与并行 DP 算法结合能够减少计算时间、保证在高时间维问题中得到一定离散精度下的全局最优解，使模拟结果可靠、计算时间可行，方法通用且可扩展，能够应用于管理实践。

需要说明的是，本章以水电站机组组合优化结果作为水电站出力计算的知识时，未考虑计算时段内的开关机及其耗水损失、机组振动、空穴等影响，而在实际调度中这些问题不可避免。解决这些问题的可行思路是，对水电站历史实际调度的水头、流量、出力数据进行统计分析，挖掘出实际可达到的最优的水头-流量-出力关系，将这一关系作为水电站出力计算的知识替代水电站机组组合优化结果。

另外，本章在计算三峡梯级水库理论最大发电量时，考虑的是确定性优化，尽管计算出理论上的最优值，然而受水文预报精度限制，理论最优值并不能够达到。如果将其应用于实际调度，还需在该方法中考虑水文预报的不确定性、采用滚动优化，例如，第一天根据未来 15 天的预报入流优化控制水库第一天的下泄流量，第二天根据新的未来 15 天的预报入流优化控制水库第二天的下泄流量，以此类推。

第 4 章　梯级水库长期调度的并行动态规划

随着我国新建的一批大型水电工程陆续投产运行，在流域内将形成具有水力、电力等联系的梯级水库。为利用一些调节性能好的水库对调节性能差的水库进行补偿调节，需要研究多年长期调节方式，这将增加优化调度研究的水库数和计算时段数，也就是时空维数，因而增加了计算复杂度。动态规划(DP)对水库优化调度问题的强非线性、时间高维、可行区间动态变化等特征具有较好的应对能力，因此受到业内学者的青睐。DP 算法的变化体，如增量动态规划(IDP)或离散微分动态规划(DDDP)，在一定程度上能够缓解水库数量增加带来的空间高维问题，然而当水库数量进一步增加时高维问题仍不可避免，尤其是计算内存过大的问题，将导致算法在单机上无法计算。针对上述问题，本章提出一种求解梯级水库优化的并行 DP 算法，基本思想是利用分布式计算和分布式内存，减少计算时间，缓解可能因占内存过大而不可计算的问题。

本章的主体结构安排如下：4.1 节构建优化梯级水库运行的多维 DP 模型；4.2 节介绍串行 DP 算法为并行化做准备；4.3 节提出一种基于对等模式的并行 DP 算法；4.4 节概述支撑本章计算内容的高性能计算系统配置情况；4.5 节以经典四水库问题为例，测试并行 DP 算法的计算效果；4.6 节将并行 DP 算法应用于三峡-清江梯级长期联合优化调度问题。

4.1　多维 DP 模型

4.1.1　递推方程

梯级水库优化调度比较典型的目标有最大化运行效益或最小化运行成本。如果调度内容涉及多目标，可通过给定不同子目标的权重构成一个组合目标。为了不失一般性，这里考虑最大化问题。根据 Bellman(1957)的最优性原理，传统 n 维 DP 模型的前向递推方程可表示为

$$F_{t+1}^{*}(\boldsymbol{S}(t+1)) = \max\{f_t(\boldsymbol{S}(t), \boldsymbol{S}(t+1)) + F_t^{*}(\boldsymbol{S}(t))\} \tag{4-1}$$

式中，t 为时段索引，$t \in [1, T]$，T 为时段数；i 为水库索引，$i \in [1, n]$，n 为水库数；$\boldsymbol{S}(t)$ 为梯级水库在时段 t 初的库容向量，$\boldsymbol{S}(t)=[S_1(t),\cdots,S_i(t),\cdots,S_n(t)]^{\mathrm{T}}$；$\boldsymbol{S}(t+1)$ 为梯级水库在时段 t 末的库容向量；$F_t^*(\cdot)$ 为从调度期初到时段 t 初的梯级水库联合运行的最大累计目标函数值；$F_{t+1}^*(\cdot)$ 为从调度期初到时段 t 末的梯级水库联合运行的最大累计目标函数值；$f_t(\cdot)$ 为时段 t 的目标函数值。需要指出的是：式(4-1)为 DP 模型的转化形式，其中决策变量是梯级水库的库容向量，而在一般形式中决策变量为梯级水库的下泄流量向量；对于确定性问题，时段 t 的下泄流量可以根据时段 t 初和末的库容以及时段 t 的入库流量通过水量平衡约束计算得到。

4.1.2　约束条件

在梯级水库调度问题中，每个水库必须满足它自身运行的约束条件，同时梯级水库作为一个整体，还需要满足由水利和电力等联系所施加的系统约束条件。具体地，这些约束条件包含水量平衡约束、初始和终止库容约束、最大/最小库容约束、最大/最小下泄流量约束、最大/最小出力约束、并行水库所在河流交汇点最小流量约束、梯级水库出力约束等。

(1) 水量平衡约束：

$$\boldsymbol{S}(t+1) = \boldsymbol{S}(t) + \boldsymbol{I}(t)\cdot\Delta t - \boldsymbol{M}\cdot\boldsymbol{R}(t)\cdot\Delta t, \quad \forall t \tag{4-2}$$

式中，$\boldsymbol{I}(t)$ 为梯级水库在时段 t 的入库流量向量；$\boldsymbol{R}(t)$ 为梯级水库在时段 t 的下泄流量向量，$\boldsymbol{R}(t)=[R_1(t),\cdots,R_i(t),\cdots,R_n(t)]^{\mathrm{T}}$；$\boldsymbol{M}$ 为 $n\times n$ 维梯级水库的水力联系矩阵。这里假设蒸发考虑到入库流量中。

(2) 初始和终止库容约束：

$$\boldsymbol{S}(1) = \boldsymbol{S}^{\text{initial}} \tag{4-3}$$

$$\boldsymbol{S}(T+1) \geqslant \boldsymbol{S}^{\text{final}} \tag{4-4}$$

式中，$\boldsymbol{S}^{\text{initial}}$ 为梯级水库在调度期初的库容向量；$\boldsymbol{S}^{\text{final}}$ 为梯级水库在调度期末的期望库容向量。

(3) 最大/最小库容约束：

$$\boldsymbol{S}^{\min}(t+1) \leqslant \boldsymbol{S}(t+1) \leqslant \boldsymbol{S}^{\max}(t+1), \quad \forall t \tag{4-5}$$

式中，$\boldsymbol{S}^{\min}(t+1)$ 和 $\boldsymbol{S}^{\max}(t+1)$ 分别为梯级水库在时段 t 末的最小与最大库容向量。

(4) 最大/最小下泄流量约束：

$$\boldsymbol{R}^{\min}(t) \leqslant \boldsymbol{R}(t) \leqslant \boldsymbol{R}^{\max}(t), \quad \forall t \tag{4-6}$$

式中，$\boldsymbol{R}^{\min}(t)$ 和 $\boldsymbol{R}^{\max}(t)$ 分别为梯级水库在时段 t 的最小与最大下泄流量向量。

(5) 最大/最小出力约束：

$$\boldsymbol{N}^{\min}(t) \leqslant \boldsymbol{N}(t) \leqslant \boldsymbol{N}^{\max}(t), \quad \forall t \tag{4-7}$$

式中，$\boldsymbol{N}(t)$ 为梯级水库在时段 t 的出力向量，$\boldsymbol{N}(t)=[N_1(t),\cdots,N_i(t),\cdots,N_n(t)]^{\mathrm{T}}$；$\boldsymbol{N}^{\min}(t)$ 和 $\boldsymbol{N}^{\max}(t)$ 分别为梯级水库在时段 t 的最小与最大出力向量。

(6) 并行水库所在河流交汇点最小流量约束：

$$\mathrm{PR}_l^{\min}(t) \leqslant \sum_{i\in U_l} R_i(t) \leqslant \mathrm{PR}_l^{\max}(t), \quad \forall t \tag{4-8}$$

式中，l 为河流交汇点索引，$l\in[1,L]$，L 为河流交汇点的数量；U_l 为河流交汇点 l 处的并行水库集合；$\mathrm{PR}_l^{\min}(t)$ 和 $\mathrm{PR}_l^{\max}(t)$ 分别为河流交汇点 l 处在时段 t 的最小与最大流量。

(7) 梯级水库出力约束：

$$N^{\min}(t) \leqslant \sum_{i} N_i(t) \leqslant N^{\max}(t), \quad \forall t \tag{4-9}$$

式中，$N^{\min}(t)$ 和 $N^{\max}(t)$ 分别为梯级水库在时段 t 的最小和最大系统出力。

需要说明的是：在上述约束中，式(4-2)～式(4-7)为水库单库约束条件，式(4-8)、式(4-9)为梯级水库系统约束条件；优化计算时，约束条件通过在目标函数中施加惩罚项加以控制；梯级水库的库容 $\boldsymbol{S}(t)$、下泄流量 $\boldsymbol{R}(t)$ 和出力 $\boldsymbol{N}(t)$ 是待求解的未知量，其他符号均为已知量。

4.2　串行 DP 算法

4.2.1　DP 算法的计算步骤

DP 算法包含两个计算步骤(Yeh，1985)。

(1) 一次两个阶段地、顺序地求解递推方程式(4-1)，存储最优候选路径(即 $\boldsymbol{S}(t) \to \boldsymbol{S}(t+1)$)以及最大累计目标函数值(即 $F_{t+1}^{*}(\boldsymbol{S}(t+1))$)到计算内存中为下一个阶段使用。重复这一步直到最后一个阶段。

(2) 根据存储的最优候选路径，从最后一个阶段到第一个阶段逐阶段追溯最优路径序列，进而确定梯级水库各时段库容(即 $\boldsymbol{S}(T+1) \to \cdots \to \boldsymbol{S}(2) \to \boldsymbol{S}(1)$)和下泄流量(即 $\boldsymbol{R}(T) \to \cdots \to \boldsymbol{R}(2) \to \boldsymbol{R}(1)$)序列。

4.2.2　DP 算法的解空间

假设在一个具有水力和电力等联系的梯级水库中，每个水库库容有 m 个离散状态，那么任一阶段的库容状态组合数为 m^n，如图 4.1 所示。

为便于说明，以 $C(p_t,t)$ 表示具有联系的梯级水库中所有水库在时段 t 初的库容状态组合，其中 p_t 表示库容状态组合的序号，$p_t \in [1, m^n]$，那么梯级水库在所有时段的所有库容状态组合可表示为

$$\boldsymbol{C}=\begin{bmatrix} C(1,2) & \cdots & C(1,t) & \cdots & C(1,T+1) \\ \vdots & & \vdots & & \vdots \\ \vdots & \cdots & C(p_t,t) & \cdots & \vdots \\ \vdots & & \vdots & & \vdots \\ C(m^n,2) & \cdots & C(m^n,t) & \cdots & C(m^n,T+1) \end{bmatrix}_{m^n \times T} \tag{4-10}$$

式中，$\boldsymbol{C}$ 为 $m^n \times T$ 矩阵，$\boldsymbol{C}=[\boldsymbol{C}(2),\cdots,\boldsymbol{C}(t),\cdots,\boldsymbol{C}(T+1)]$；$C(p_1,1)$ 为调度期初的库容状态组合，为已知给定值。

以 $\boldsymbol{C}^*$ 表示 $m^n \times T$ 最优候选路径矩阵，用于存储最优的前一阶段的库容状态组合到当前阶段的库容状态组合，以便从调度期末到调度期初逐阶段地追溯最优路径序列，$\boldsymbol{C}^*$ 的元素 $C^*(p_{t+1},t+1)$ 为存储到时段 t 末库容状态组合 p_{t+1} 中的最优的时段 t 初库容状态组合。另外，以 $\boldsymbol{F}_t^*$ 表示从调度期初到时段 t 初的所有最大累计目标函数值，$\boldsymbol{F}_t^*$ 为 $m^n \times 1$ 矩阵。那么就可以用 $C(p_t,t)$ $(p_t=1, 2, \cdots, m^n)$ 替代 $\boldsymbol{S}(t)$，将向量式(4-1)改写为等价的标量式(4-11)：

$$F_{t+1}^{*}(C(p_{t+1},t+1)) = \max\{f_t(C(p_t,t), C(p_{t+1},t+1)) + F_t^{*}(C(p_t,t))\} \tag{4-11}$$

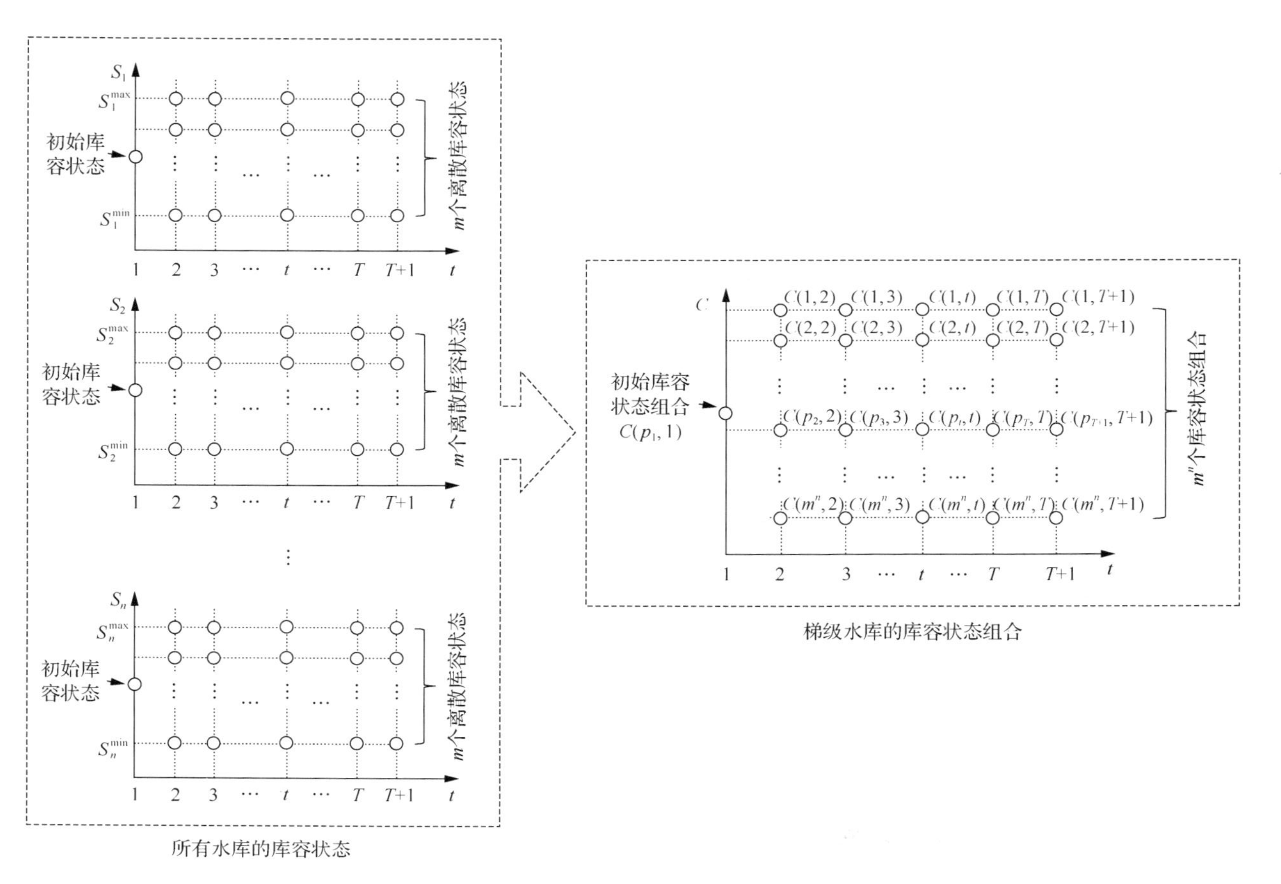

图4.1　所有水库的库容状态对应为梯级水库的库容状态组合(Li et al., 2014b)

图 4.2 为串行 DP 算法的计算步骤和计算内存示意。

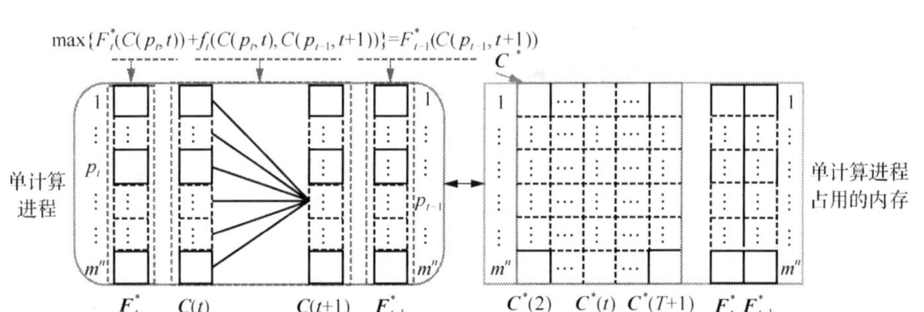

图 4.2　串行 DP 算法的计算步骤和计算内存示意(Li et al.，2014b)(彩插见附页)

图 4.3 为以标量式(4-11)表示的串行 DP 算法的计算步骤。

(1)对任意 p_{t+1}，为计算最大累计目标函数 $F_{t+1}^*(C(p_{t+1},t+1))$ 和最优候选路径 $C^*(p_{t+1},t+1)$，需要计算并比较所有由库容状态组合 $C(p_t,t)$ (p_t=1,2,⋯,m^n)到 $C(p_{t+1},t+1)$ 的时段目标函数值与最大累计目标函数 $F_t^*(C(p_t,t))$ (p_t=1,2,⋯,m^n)之和；完成每一时段的计算和比较后，最大累计目标函数 $F_{t+1}^*(C(p_{t+1},t+1))$ (p_{t+1}=1,2,⋯,m^n)和最优候选路径 $C^*(p_{t+1},t+1)$ (p_{t+1}=1,2,⋯,m^n)被存储在计算内存中。反复执行这一步直至整个调度期结束。

(2)在得到最优候选路径矩阵 $\boldsymbol{C}^*$后，通过从调度期末到调度期初逐阶段地追溯最优路径(即 $C^*(p_{T+1},T+1)\to\cdots C^*(p_{t+1},t+1)\to C^*(p_t,t)\cdots\to C^*(p_1,1)$)，进而可以得到每个水库在各个时段的库容和下泄流量。

4.2.3　DP 算法的计算时间和内存

串行 DP 算法的步骤(1)需要大量的时钟时间开销，如图 4.2 左所示，可用式(4-12)估算：

$$\tau_1 = m^{2n} \times \Delta\tau \times T \tag{4-12}$$

式中，τ_1 为使用串行 DP 算法需要的时钟时间。每阶段需要计算和比较递推方程式(4-1)的右边项 m^{2n} 次；每次计算和比较所需的时钟时间假设均为 $\Delta\tau$。需要注意的是，每阶段递推方程式(4-1)右边项的计算充斥有大量的不合理的库容状态组合转移，在计算中应设置判断条件，及时避免不必要的计算。例如，如图 4.4 所示的以梯级水库发电量最大作为调度目标的时段 t 的目标函数 $f_t(\cdot)$ 的计算流程，其中当判断上游水库下泄流量小于 0 时，就无须再计算下游水库，这将明显减少计算时间(Mousavi and Karamouz，2003)。

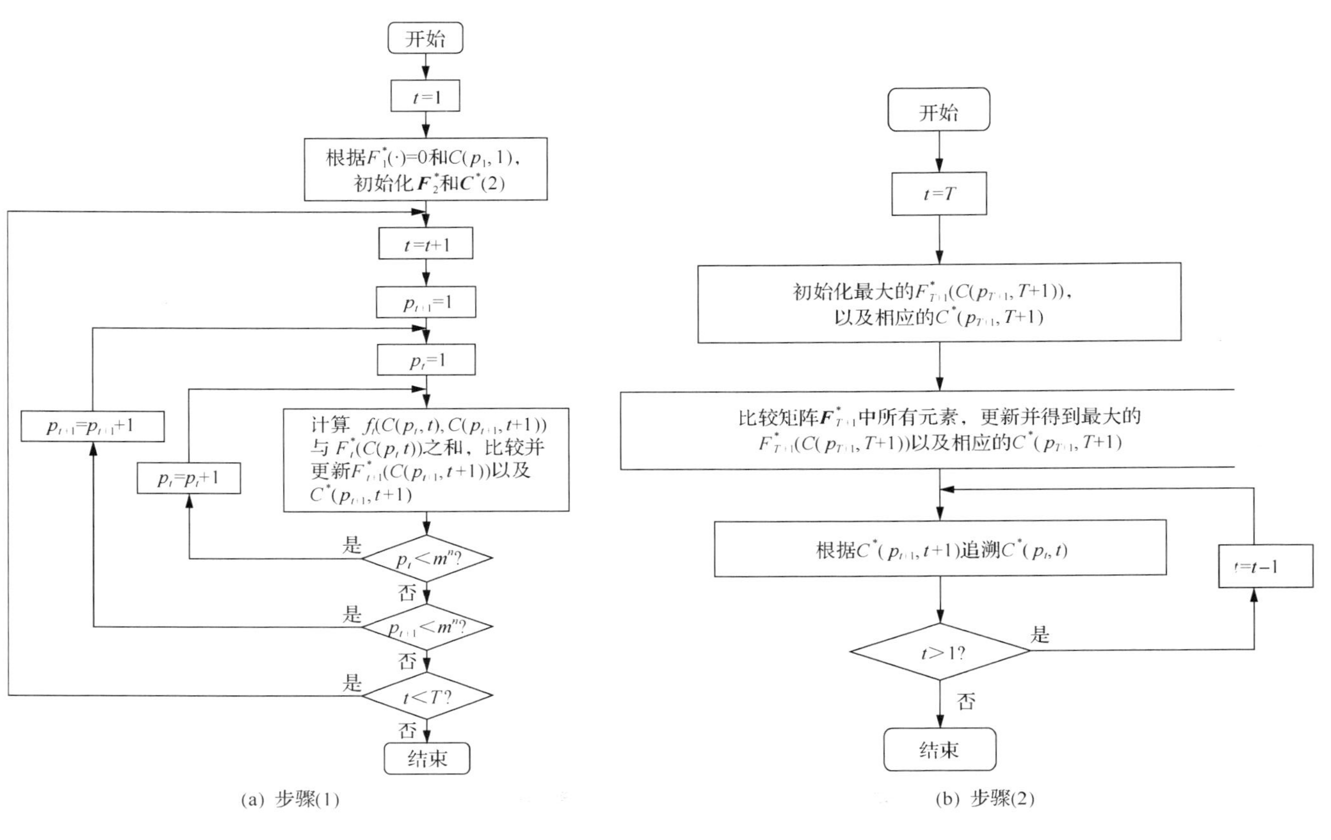

图4.3　串行DP算法的计算流程(Li et al.，2014b)

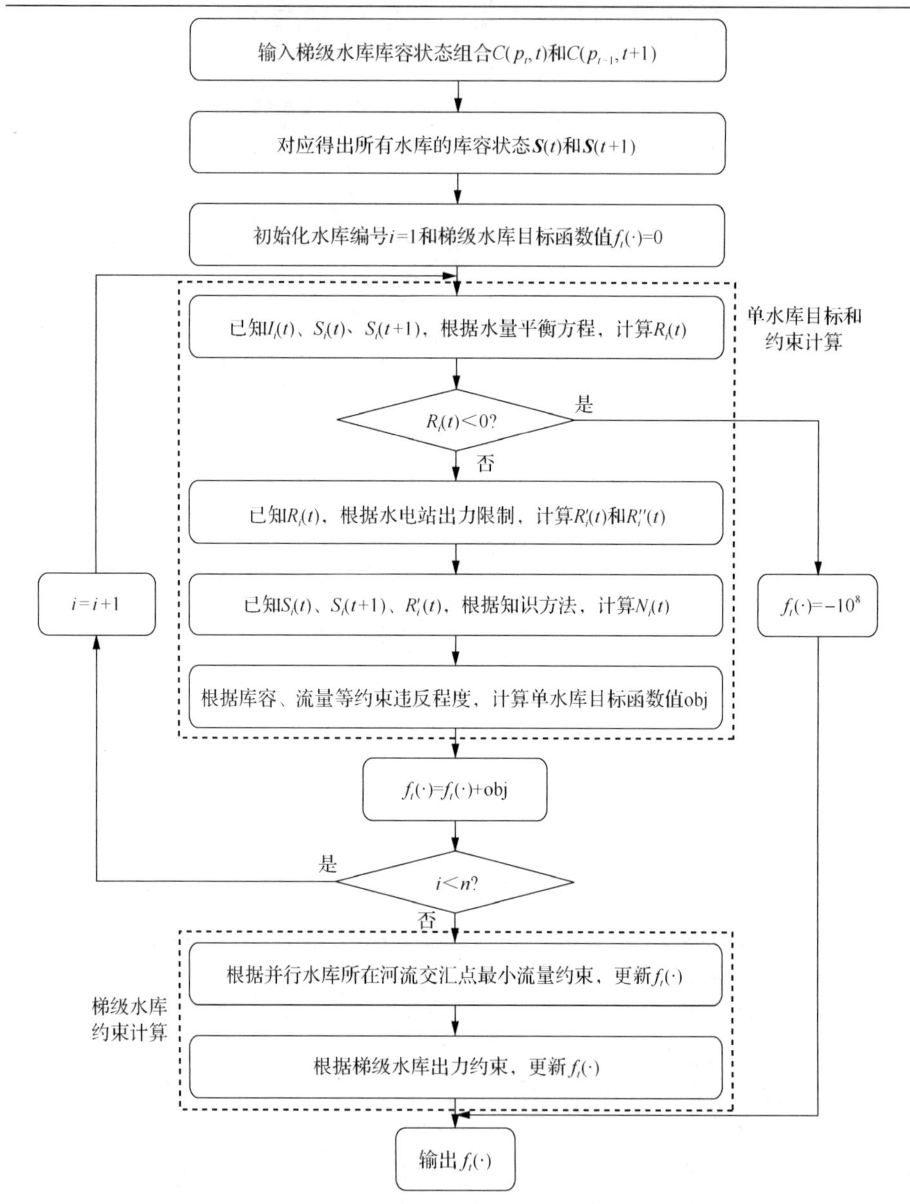

图 4.4　以梯级水库发电量最大作为调度目标的时段 t 的目标函数 $f_t(\cdot)$ 的计算流程

另外，串行 DP 算法的步骤(1)还占用大量的计算内存。为便于说明，这里仅估算 DP 算法占用的最小内存空间。如图 4.2 右所示，为完成 DP 算法需要存储两种类型的变量：一种是整型变量，以 1 个二维数组(水平方向表示时段、竖直方向表示梯级水库库容状态组合）存储最优候选路径矩阵 $\boldsymbol{C}^*$；另一种是浮点型变量，以 2 个一维数组分别存储时段 t 和 t+1 的最大累计目标函数值 $\boldsymbol{F}_t^*$ 与 $\boldsymbol{F}_{t+1}^*$。需要注意的是，最大累计目标函数值 $\boldsymbol{F}_t^*$ 和 $\boldsymbol{F}_{t+1}^*$ 随递推过程不断更新，也就是说在时段 t，$\boldsymbol{F}_{t-1}^*$，$\boldsymbol{F}_{t-2}^*$，…，$\boldsymbol{F}_1^*$ 不再存储到计算内存中，如图 4.2 右所示。为简化表达，这里假设两种类型的变量占用同样大小的内存空间 Φ 字节。DP 算法的最小内存空间可表示为

$$\mathrm{RAM}_1 = m^n \times (T+2) \times \Phi \tag{4-13}$$

式中，RAM_1 为使用串行 DP 算法需要的计算内存（字节）。

从式(4-12)和式(4-13)可以看出：采用 DP 算法优化梯级水库调度时，计算时间和计算内存均正比于 m^n，因而会引发“维数灾”问题。

为直观表达，这里以 C++语言为例（整型变量和浮点型变量所占计算内存均为 4 字节），估算使用 DP 算法在不同水库数、离散状态数和时段数下需要的最小计算内存，如表 4.1 所示。可以看出：随水库数的增加，DP 算法计算内存急剧增加；当水库数继续增加时，即使使用 DP 算法的变化体，如 IDP 算法或 DDDP 算法，取水库的最小离散状态数为 3 个，由于计算内存过大也会造成单机无法计算的问题。

表 4.1　DP 算法的最小计算内存估算

水库数/个	离散状态数/个	时段数	计算内存
1	100	12 月	5.47KB
1	100	36 旬	14.84KB
1	100	365 日	143.36KB
2	100	12 月	0.53MB
2	100	36 旬	1.45MB
2	100	365 日	14.00MB
3	100	12 月	0.05GB
3	100	36 旬	0.14GB
3	100	365 日	1.37GB
4	100	12 月	5.22GB
4	100	36 旬	14.16GB
4	100	365 日	136.72GB

续表

水库数/个	离散状态数/个	时段数	计算内存
5	100	12 月	0.51TB
5	100	36 旬	1.38TB
5	100	365 日	13.35TB
10	10	12 月	0.51TB
10	10	36 旬	1.38TB
10	10	365 日	13.35TB
10	3	12 月	3.15MB
10	3	36 旬	8.56MB
10	3	365 日	82.67MB
15	3	12 月	0.75GB
15	3	36 旬	2.03GB
15	3	365 日	19.62GB
20	3	12 月	0.18TB
20	3	36 旬	0.48TB
20	3	365 日	4.66TB

4.3　并行 DP 算法

4.3.1　并行策略及其分析

由上述分析可知：为应用 DP 算法优化梯级水库调度，需要一种有效的并行策略，既能够减少计算时间又能够缓解计算内存瓶颈，尤其是需要解决计算内存瓶颈可能导致的 DP 算法在单机或共享式内存并行计算机中无法执行的问题。

为实现该目标，这里将原计算任务分解为多个子计算任务，令其在不同的计算进程中被同时执行，将原任务占用的总内存分解并存储在不同计算进程事先分配好的内存中，如图 4.5 所示，两种类型的变量分布存储在 K 个计算进程的内存中。需要注意的是，从递推方程式(4-1)可以看出，DP 算法具有逐阶段累加的计算特点，为实现多进程同时作业并始终保持总内存最小，这里将总内存沿垂直方向分解，采用对等模式(peer-to-peer paradigm)的并行策略。该策略包含 K 个对等进程和 1 个中转进程，其中每个对等进程各自存储变量到它的内存空间中。每个时段初或末的库容状态组合的总数为 m^n，分配到 K 个对等进程中，令对等进程 k 分配的库容状态组合数为 m_k，$k\in[1, K]$，则有 $m^n=\sum_{k=1}^{K}m_k$ 。为便于说明，这里还令 $\boldsymbol{C}^*=[\boldsymbol{C}_1^*,\cdots,\boldsymbol{C}_k^*,\cdots,\boldsymbol{C}_K^*]^{\mathrm{T}}$ ，$\boldsymbol{F}_t^*=[\boldsymbol{F}_{1,t}^*,\cdots,\boldsymbol{F}_{k,t}^*,\cdots,\boldsymbol{F}_{K,t}^*]^{\mathrm{T}}$ ，如图 4.5 所示。

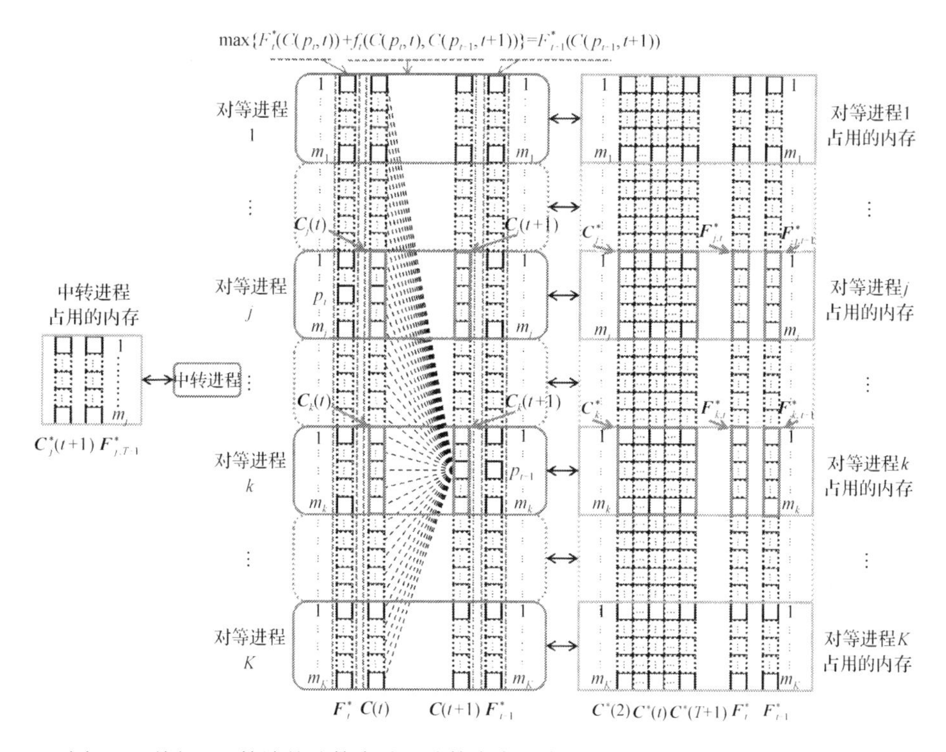

图 4.5　并行 DP 算法的计算步骤和计算内存示意（Li et al.，2014b）（彩插见附页）

K 个对等进程的子任务间的并发性和依赖性是并行化时需要考虑的主要内容。这里的并发性是指不同计算进程能够同时执行它们的子任务；依赖性是指某计算进程执行它的子任务的前提是，其他计算进程已经完成它们的子任务。就 DP 算法的并发性而言，时段 t 的每一个最优候选路径 $C^*(p_{t+1},t+1)$ 的计算相互独立，也就是说，所有最优候选路径 $C^*(p_{t+1},t+1)(p_{t+1}=1,2,\cdots,m^n)$ 的计算能够同时执行；就 DP 算法的依赖性而言，计算时段 t 的最优候选路径 $C^*(p_{t+1},t+1)$ 的前提是，需要事先得到所有的最优候选路径 $C^*(p_t,t)(p_t=1,2,\cdots,m^n)$ 和最大累计目标函数值 $F_t^*(C(p_t,t))(p_t=1,2,\cdots,m^n)$，它们分布存储在 K 个对等进程的内存中，如图 4.5 所示。换句话讲，任一对等进程为完成 $C^*(p_{t+1},t+1)$ 的计算，其前提条件是所有对等进程都完成了最优候选路径 $C^*(p_t,t)(p_t=1,2,\cdots,m^n)$ 和最大累计目标函数值 $F_t^*(C(p_t,t))(p_t=1,2,\cdots,m^n)$ 的计算任务。

4.3.2 并行 DP 算法的计算步骤

两种计算进程的主要功能是：任一对等进程，如对等进程 k，负责执行它的计算子任务，也就是根据 K 个对等进程完成的前一时段最大累计目标函数值(即 $\boldsymbol{F}_{1,t}^*,\cdots,\boldsymbol{F}_{k,t}^*,\cdots,\boldsymbol{F}_{K,t}^*$)，求解并在它的内存中存储当前时段的最大累计目标函数值 $\boldsymbol{F}_{k,t+1}^*$ 和最优候选路径 $\boldsymbol{C}_k^*(t+1)$；中转进程负责为所有对等进程交换最大累计目标函数值的信息，并在 DP 算法的递推过程完成后负责追溯最优路径。

图 4.6 和图 4.7 分别为并行 DP 算法两个步骤的计算流程。可以看出：不同于图 4.3 所示的串行 DP 算法，在并行 DP 算法中增加了对等进程与中转进程间的消息传递语句(即两个进程之间的箭头)。需要注意的是，为便于说明，这里以对等进程 j 作为 K 个对等进程中的任一个，它具有与对等进程 k 相同的计算流程；对等进程 k 或中转进程依据“先到先得”的原则，接收对等进程 j 传递的消息；w 为计数变量。

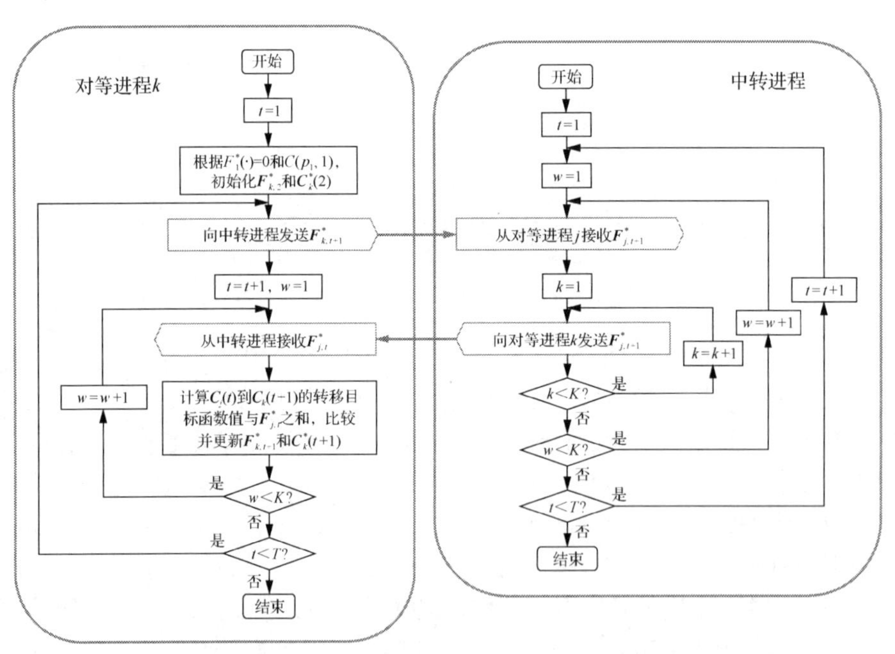

图 4.6 并行 DP 算法步骤(1)的计算流程(Li et al.，2014b)

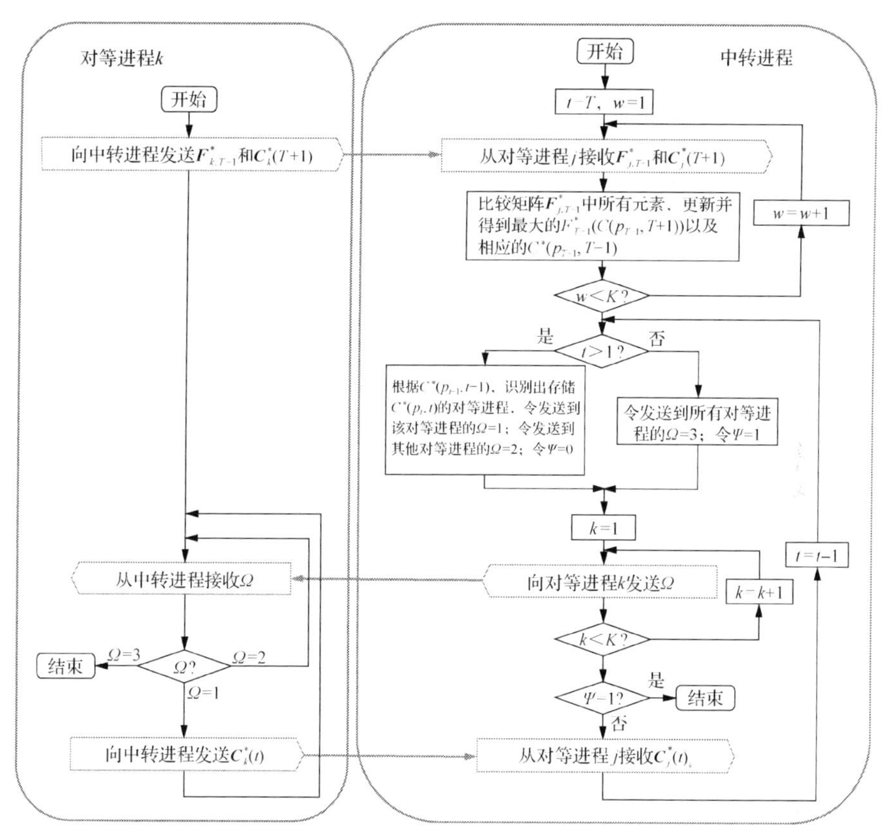

图 4.7　并行 DP 算法步骤(2)的计算流程(Li et al.，2014b)

并行 DP 算法步骤(1)的计算流程有：

(1) 为 K 个对等进程分配计算内存。

(2) 当 t=1 时，对任一对等进程，如对等进程 k，根据 $F_1^*(\cdot)$=0 和 $C(p_1,1)$，初始化 $\boldsymbol{F}^*_{k,2}$ 和 $\boldsymbol{C}^*_k(2)$。

(3) 任一对等进程，如对等进程 k，在时段 t 向中转进程发送 $\boldsymbol{F}^*_{k,t+1}$。

(4) 中转进程根据“先到先得”的原则，从某对等进程，如对等进程 j，接收 $\boldsymbol{F}^*_{j,t+1}$，并将 $\boldsymbol{F}^*_{j,t+1}$ 发送给所有对等进程。

(5) 重复步骤④，直到中转进程接收到来自所有对等进程的 $\boldsymbol{F}^*_{j,t+1}$（即 j=1,2,⋯,K），并将它们发送给所有对等进程。

(6) 任一对等进程，如对等进程 k，根据“先到先得”的原则，在时段 t+1 从中转进程接收 $\boldsymbol{F}^*_{j,t}$（也就是时段 t 的 $\boldsymbol{F}^*_{j,t+1}$），执行递推方程，计算 $\boldsymbol{C}_j(t)$ 到

$\boldsymbol{C}_k(t+1)$ 的转移目标函数值与 $\boldsymbol{F}_{j,t}^*$ 之和，比较并更新 $\boldsymbol{F}_{k,t+1}^*$ 与 $\boldsymbol{C}_k^*(t+1)$。

(7) 重复步骤⑥，直到 $\boldsymbol{F}_{j,t}^*$ (即 j=1,2,⋯,K) 从中转进程接收 K 次。

(8) 重复步骤③～⑦，直到时段 $t=T$。

步骤(1)的计算流程结束后，任一对等进程，如对等进程 k 的内存中存储有 $\boldsymbol{C}_k^*$、$\boldsymbol{F}_{k,T}^*$ 和 $\boldsymbol{F}_{k,T+1}^*$，随后开始步骤(2)的计算流程。

并行 DP 算法步骤(2)的计算流程有：

(1) 任一对等进程，如对等进程 k，向中转进程发送 $\boldsymbol{F}_{k,T+1}^*$ 和 $\boldsymbol{C}_k^*(T+1)$。

(2) 中转进程根据“先到先得”的原则，从某对等进程，如对等进程 j，接收 $\boldsymbol{F}_{j,T+1}^*$ 和 $\boldsymbol{C}_j^*(T+1)$，比较矩阵 $\boldsymbol{F}_{j,T+1}^*$ 中所有元素，更新并得到最大的 $F_{T+1}^*(C(p_{T+1},T+1))$ 以及相应的 $C^*(p_{T+1},T+1)$。

(3) 重复步骤②，直到中转进程接收到来自所有对等进程的 $\boldsymbol{F}_{j,T+1}^*$ 和 $\boldsymbol{C}_j^*(T+1)$ (即 j=1,2,⋯,K)，更新并得到最大的 $F_{T+1}^*(C(p_{T+1},T+1))$ 以及相应的 $C^*(p_{T+1},T+1)$。

(4) 如果 $t>1$，则执行步骤⑤；否则执行步骤⑩。

(5) 根据 $C^*(p_{t+1},t+1)$，识别出存储 $C^*(p_t,t)$ 的对等进程，令发送到该对等进程的 Ω=1(其中 Ω 用于对等进程判断应当如何选择)，令发送到其他对等进程的 Ω=2，令 Ψ=0(其中 Ψ 用于判断是否终止中转进程)。

(6) 中转进程向所有对等进程发送 Ω。

(7) 任一对等进程，如对等进程 k，从中转进程接收 Ω，如果 Ω=1，对等进程向中转进程发送 $\boldsymbol{C}_k^*(t)$，接着准备接收下一时段从中转进程发送的 Ω；如果 Ω=2，对等进程直接准备接收下一时段从中转进程发送的 Ω。

(8) 中转进程从步骤⑤识别出的对等进程，如对等进程 j，接收需要的 $\boldsymbol{C}_j^*(t)$，它存储有时段 t 的 $C^*(p_t,t)$ (也就是时段 t–1 的 $C^*(p_{t+1},t+1)$)。

(9) 重复步骤④～⑧。

(10) 令发送到所有对等进程的 Ω=3，令 Ψ=1。

(11) 一旦从中转进程接收到 Ω=3，任一对等进程立即终止它自身的进程。

(12) 当 Ψ=1，中转进程立即终止它自身的进程。

步骤(2)的计算流程结束后，中转进程得到了最优路径序列(即 $C^*(p_{T+1},T+1) \to \cdots C^*(p_{t+1},t+1) \to C^*(p_t,t) \cdots \to C^*(p_1,1)$)，并进而可以推求梯级水库的库容序列(即 $\boldsymbol{S}(T+1) \to \cdots \to \boldsymbol{S}(2) \to \boldsymbol{S}(1)$)和下泄流量序列(即 $\boldsymbol{R}(T) \to \cdots \to$

$\boldsymbol{R}(2) \to \boldsymbol{R}(1)$）。

4.3.3 并行 DP 算法的计算时间和内存

为减少计算进程闲置、提高并行效率，这里采用的负载平衡策略是为每个对等进程分配几乎等量的计算子任务。因此，任一对等进程，如对等进程 k，其库容组合状态数 m_k 可采用式(4-14)计算：

$$\begin{cases} m_k = \alpha + 1, & k \leqslant \beta \\ m_k = \alpha, & \beta < k \leqslant K \end{cases} \tag{4-14}$$

式中

$$\alpha = u(m^n / K) \tag{4-15}$$

$$\beta = v(m^n, K) \tag{4-16}$$

式中，$u(\cdot)$ 为向下取整函数，如 $u(5/3)=1$；$v(\cdot)$ 为求余函数，如 $v(5,3)=2$。然而需要注意的是，每个对等进程的计算子任务中包含数量不等的不可行计算(如图 4.4 所示，当上游水库下泄流量小于 0 时，就无须再计算下游水库)，因此不能根除负载不平衡问题。

并行 DP 算法的时钟时间可采用式(4-17)估算：

$$\tau_K = (\tau' + \tau'' + \tau''') / K \tag{4-17}$$

式中，τ_K 为使用 K 个对等进程计算的时钟时间，它包含计算碎片时间 τ'、通信碎片时间 τ'' 以及负载不平衡时间损失 τ'''。

并行 DP 算法的并行性能采用并行效率 E_K 评价：

$$E_K = \tau_1 / (K \times \tau_K) \tag{4-18}$$

需要注意的是，并行程序的并行效率取决于计算进程间通信时间与计算时间的比率，比率小则说明并行效率高，反之则效率低。

并行 DP 算法中每个对等进程分配的内存可采用式(4-19)估算：

$$\text{RAM}_k = m^n \times (T + 2) \times \varPhi / K \tag{4-19}$$

式中，RAM_k 为对等进程 k 所占用的内存(字节)。

假设在任一分布式内存并行计算机中，$\varTheta$ 个计算进程共享内存的大小为

RAM 字节。例如，图 4.8 的分布式内存并行计算机中，一个刀片上的所有逻辑核(1 个逻辑核执行 1 个计算进程任务)共享该刀片上的内存。当采用该并行 DP 算法时，需要保证 RAM 的大小满足式(4-20)：

$$m^n \times (T+2) \times \varPhi / K \times \varTheta \leqslant \text{RAM} \tag{4-20}$$

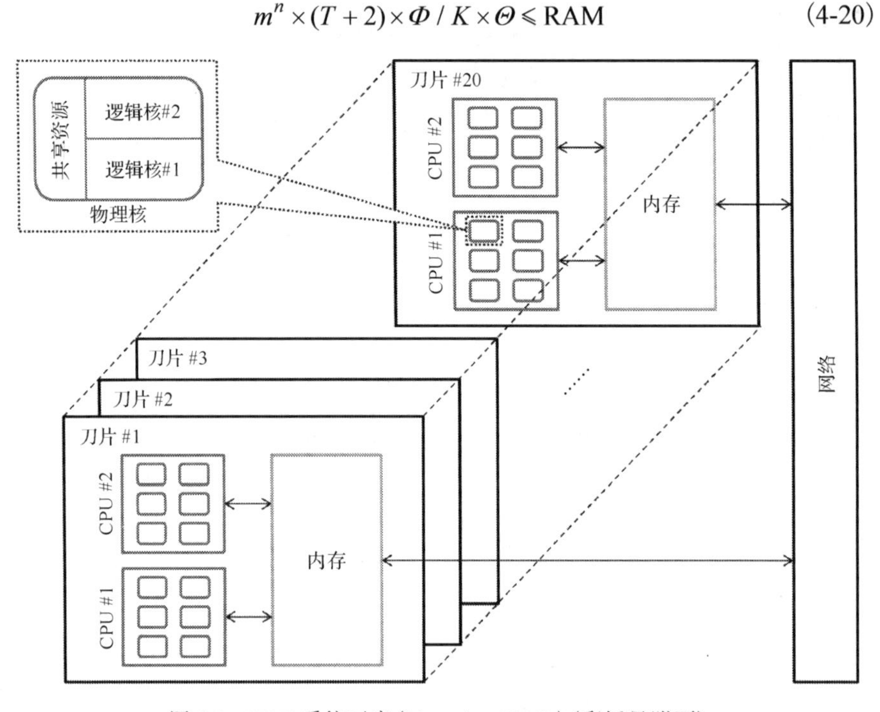

图 4.8　HPC 系统示意(Li et al.，2014b)(彩插见附页)

从式(4-20)可以看出：利用分布式内存并行计算环境，通过不断增加计算资源，能够缓解在单机上使用串行 DP 算法可能因计算内存过大而无法计算的梯级水库调度问题。

4.4　高性能计算系统

高性能计算(high-performance computing，HPC)系统由硬件环境和软件环境两部分构成。

4.4.1　硬件环境

本章的计算内容基于一台刀片中心，它包含 20 个 IBM HS22 刀片，刀片之间通过 Infiniband 40Gbit/s 网络进行通信。每个刀片上有两个 Intel® Xeon® E5645 2.40GHz CPU(每个 CPU 上有 6 个物理核)和 12GB 内存。Intel® Xeon® CPU 使用的是超线程技术，具有如下特性：

(1)操作系统能够将每个物理核划分为两个逻辑核，同时执行两个计算进程任务，也就是一个逻辑核执行一个计算进程任务，因此刀片中心一共拥有 480 个逻辑核。

(2)物理核上的每个逻辑核拥有自身的计算资源，同时与另一个逻辑核共享部分计算资源。

(3)当同属于一个物理核上的两个逻辑核同时执行两个计算进程任务，并且都需要占用共享计算资源时，一个计算进程需要停止并让出共享计算资源，直到另一个计算进程任务完成，也就是说一个物理核上的两个逻辑核不能像两个独立的物理核一样工作。

图 4.8 为 HPC 系统示意图，它属于分布式内存并行计算机。

4.4.2　软件环境

操作系统：Windows HPC Sever 2012 R2。

程序开发：采用 C++语言在 Microsoft Visual Studio 2010 编程环境下开发。

通信接口：采用 MPI，它能够协调并行程序在分布式内存并行计算机的不同计算进程上同时运行。

数据库：采用 Oracle 11g 存取数据。

4.5　经典四水库问题

经典四水库问题由 Larson(1968)构建提出，由于其线性构造、全局最优解已知，一直以来被视为检验优化算法搜索性能的基准问题，相关研究有很多。例如，早些年，为缓解 DP 算法的计算问题，Larson(1968)、Larson 和 Korsak(1970)提出 DPSA 算法，Heidari 等(1971)提出 DDDP 算法分别求解了四水库问题；近些年，为测试启发式算法的搜索性能，Wardlaw 和 Sharif(1999)采用 GA 算法、Teegavarapu 和 Simonovic(2002)采用 SA 算法、Kumar 和 Reddy(2007)采用 PSO 算法、Chen 和 Chang(2007)采用并行 GA 算法、李想等(2013)采用基于主从模式的并行 DP 算法分别求解了四水库问题。需要指出的是：串行 DP 算法因计算问题，在过去求解该问题时并不被看好。本节试图在 HPC 系统上，应用提出的并行 DP 算法求解经典四水库问题来测试其计算性能。

经典四水库问题(n=4)如图 4.9 所示。四水库的拓扑关系包含串、并联结构。水库 i=1,2,3,4 的下泄水量用于发电，水库 i=4 的下泄水量还用于灌溉。调度期为 1 天，包含 12 个计算时段(T=12)，每时段为 2h。调度目标是优化四水库的库容序列，在满足防洪、旅游、航运、水保、供水等约束的前提下，使四水库的发电和灌溉效益之和最大。

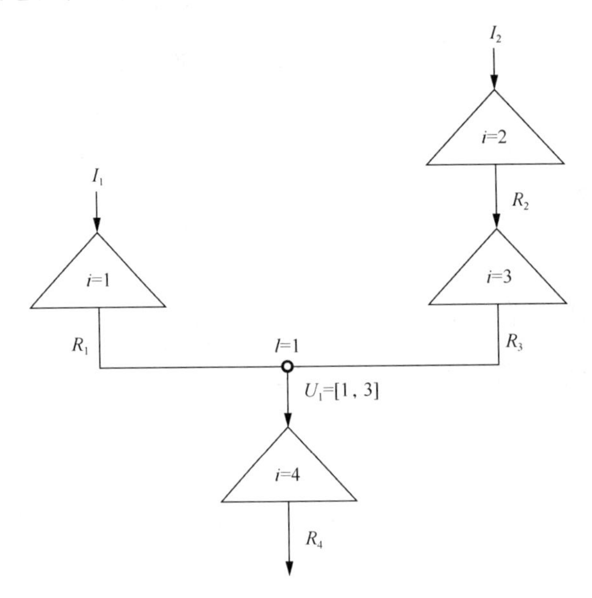

图 4.9　经典四水库问题(Larson，1968)

4.5.1　优化模型

采用 DP 算法优化四水库问题，前向递推方程如式(4-1)，其中目标函数 $f_t(\cdot)$ 可展开为

$$f_t(\cdot)=\begin{cases}\sum_{i=1}^{4}b_i(t)\times R_i(t)+b_5(t)\times R_4(t), & t<12\\ \sum_{i=1}^{4}b_i(t)\times R_i(t)+b_5(t)\times R_4(t)+\sum_{i=1}^{4}g_i(S_i(13),d_i), & t=12\end{cases} \tag{4-21}$$

式中，一旦给定时段 t 的初末库容 $S_i(t)$ 和 $S_i(t+1)$ (i=1,2,3,4)，下泄水量 $R_i(t)$ (i=1,2,3,4)就能够直接通过计算水量平衡约束(式(4-2))得到；$b_i(t)$ 为效益函数，如表 4.2 所示，其中 $b_1(t)$、$b_2(t)$、$b_3(t)$、$b_4(t)$ 分别为水库 i=1,2,3,4 的发

电效益函数，$b_5(t)$为水库 i=4 的灌溉效益函数；$g_i(\cdot)$为未满足调度期末期望库容（S_i^{final}）的惩罚函数，可表示为

$$g_i(S_i(13), d_i)=\begin{cases}-40\times(S_i(13)-S_i^{\text{final}})^2, & S_i(13)\leqslant S_i^{\text{final}}\\ 0, & S_i(13)>S_i^{\text{final}}\end{cases} \tag{4-22}$$

表 4.2　效益函数（Larson，1968）

t	$b_1(t)$	$b_2(t)$	$b_3(t)$	$b_4(t)$	$b_5(t)$
1	1.1	1.4	1.0	1.0	1.6
2	1.0	1.1	1.0	1.2	1.7
3	1.0	1.0	1.2	1.8	1.8
4	1.2	1.0	1.8	2.5	1.9
5	1.8	1.2	2.5	2.2	2.0
6	2.5	1.8	2.2	2.0	2.0
7	2.2	2.5	2.0	1.8	2.0
8	2.0	2.2	1.8	2.2	1.9
9	1.8	2.0	2.2	1.8	1.8
10	2.2	1.8	1.8	1.4	1.7
11	1.8	2.2	1.4	1.1	1.6
12	1.4	1.8	1.1	1.0	1.5

约束条件包含式(4-2)～式(4-6)，其中已知条件如下。

四水库的水力联系矩阵可表示为

$$\boldsymbol{M}=\begin{bmatrix}1 & 0 & 0 & 0\\ 0 & 1 & 0 & 0\\ 0 & -1 & 1 & 0\\ -1 & 0 & -1 & 1\end{bmatrix} \tag{4-23}$$

四水库的入库流量各时段恒定为

$$\boldsymbol{I}(t)=\begin{bmatrix}2\\ 3\\ 0\\ 0\end{bmatrix},\quad \forall t \tag{4-24}$$

四水库在调度期初和末的库容为

$$\boldsymbol{S}^{\text{initial}}=\begin{bmatrix}5\\5\\5\\5\end{bmatrix},\quad \boldsymbol{S}^{\text{final}}=\begin{bmatrix}5\\5\\5\\7\end{bmatrix} \tag{4-25}$$

四水库的最小和最大库容在各时段恒定为

$$\boldsymbol{S}^{\min}(t+1)=\begin{bmatrix}0\\0\\0\\0\end{bmatrix},\quad \boldsymbol{S}^{\max}(t+1)=\begin{bmatrix}10\\10\\10\\15\end{bmatrix},\quad \forall t \tag{4-26}$$

四水库的最小和最大下泄流量在各时段恒定为

$$\boldsymbol{R}^{\min}(t)=\begin{bmatrix}0\\0\\0\\0\end{bmatrix},\quad \boldsymbol{R}^{\max}(t)=\begin{bmatrix}3\\4\\4\\7\end{bmatrix},\quad \forall t \tag{4-27}$$

4.5.2　结果及分析

这里取 ΔS=1 作为四水库的库容状态离散区间，因此梯级水库库容状态组合总数为 11×11×11×16=21296（个）。计算过程在 HPC 系统上完成。首先应用串行 DP 算法求解，时钟时间为 1818.6s，最优值为 401.3，最优调度策略如表 4.3 所示。接着应用并行 DP 算法求解，计算结果与串行算法相同，调用不同数量对等进程计算的时钟时间各异。表 4.4 为并行 DP 算法的计算碎片时间 τ'、通信碎片时间及负载不平衡时间损失之和 $\tau''+\tau'''$、时钟时间 τ_K、并行效率 E_K。可以看出：随着对等进程个数的增加，时钟时间显著减少，当对等进程数增至 350 个时，时钟时间仅为 9.7s。图 4.10 为并行 DP 算法的加速比曲线。可以看出：加速比随对等进程数的增加而不断增加，即便调用最多 350 个对等进程，还远未达到极限加速比；曲线的延伸方向预示着并行 DP 算法在更大规模并行计算资源中依然具有应用前景。

表 4.3　最优调度策略（Larson，1968；目标函数值为 401.3）

t	$S_1(t)$	$S_2(t)$	$S_3(t)$	$S_4(t)$	$R_1(t)$	$R_2(t)$	$R_3(t)$	$R_4(t)$
0	5	5	5	5				
1	6	4	9	6	1	4	0	0
2	8	6	10	4	0	1	0	2
3	10	7	8	1	0	2	4	7
4	10	10	4	0	2	0	4	7
5	9	10	3	0	3	3	4	7
6	8	9	3	0	3	4	4	7
7	7	8	3	0	3	4	4	7
8	6	7	3	0	3	4	4	7
9	5	6	3	0	3	4	4	7
10	4	5	3	0	3	4	4	7
11	3	4	3	7	3	4	4	0
12	5	5	5	7	0	2	0	0

表 4.4　计算碎片时间、通信碎片时间及负载不平衡时间损失之和、时钟时间、并行效率（Li et al.，2014b）

对等进程数/个	τ'/s	$\tau''+\tau'''$/s	τ_K/s	E_K
串行	—	—	1818.6	1.00
1	1836.2	0.0	1836.2	0.99
2	1833.8	1.3	917.5	0.99
3	2427.5	100.6	842.7	0.72
4	2226.3	123.4	587.4	0.77
5	2595.5	115.2	542.1	0.67
6	2373.6	181.3	425.8	0.71
7	2688.3	140.5	404.1	0.64
8	2510.6	194.1	338.1	0.67
9	2732.9	132.6	318.4	0.63
10	2593.3	153.7	274.7	0.66
25	2948.3	90.9	121.6	0.60
50	2987.1	60.6	61.0	0.60
75	3016.1	33.3	40.7	0.60
100	3036.3	93.7	31.3	0.58
125	3073.2	75.3	25.2	0.58

续表

对等进程数/个	τ'/s	$\tau''+\tau'''$/s	τ_K/s	E_K
150	3058.1	106.0	21.1	0.57
175	3066.6	140.8	18.3	0.57
200	3059.8	134.0	16.0	0.57
225	3115.4	147.1	14.5	0.56
250	3087.7	197.5	13.1	0.55
275	3106.8	210.5	12.1	0.55
300	3113.3	216.7	11.1	0.55
325	3080.3	250.6	10.2	0.55
350	3137.0	243.0	9.7	0.54

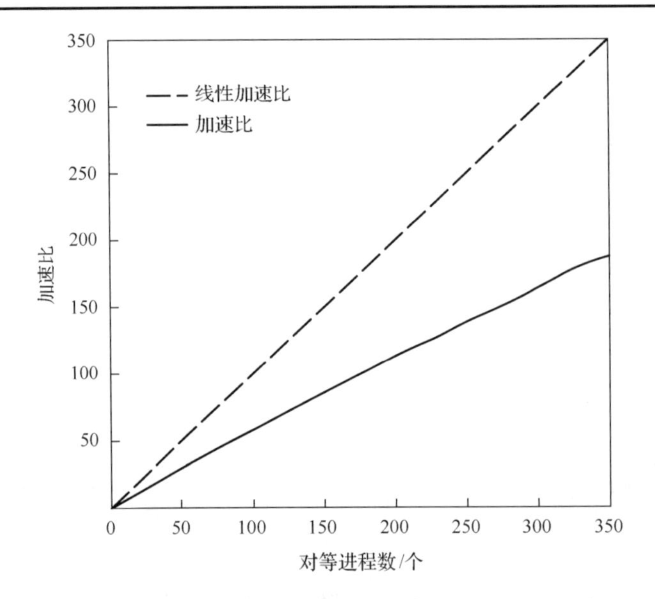

图 4.10　并行 DP 算法的加速比曲线(Li et al.，2014b)

影响并行 DP 算法效率的原因主要有 HPC 系统的硬件技术(包括超线程技术和英特尔睿频加速技术)和负载不平衡两个方面。

(1)超线程技术(hyper-threading technology)：从表 4.4 的时间统计可以推断：①如果有一个对等进程和一个中转进程，则操作系统将自动分配一个物理核上的两个逻辑核分别执行这两个计算进程的计算任务，这时对等进程与中转进程并不竞争共享计算资源，因此计算碎片时间几乎与串行 DP 算法一致；②如果有两个对等进程和一个中转进程，一个对等进程和一个中转进程的计算任务将分别在一个物理核的两个逻辑核上完成，另一个对等进程的计算任务将在另一个物理核上完成，这时三个计算进程也不存在对共享计算资源的竞争，因此并行效率高达 0.99；③如果有三个对等进程和一个中转进程，则将有两个对等进程竞争同一个物理核上的共享计算资源，因此并行效率减少至 0.72；④依次递推，如果有偶数个对等进程则并行效率将增加，如果有奇数个对等进程则并行效率将减少。随着对等进程数的增加，这一波动规律逐渐不明显。

(2) 英特尔睿频加速技术(Intel turbo boost technology)，或动态超频技术(dynamic overclocking technology)：计算机工作的频率取决于计算机 CPU 的发热限制、使用的物理核数以及这些物理核的最大频率。如果 CPU 在发热限制以下运行，则计算机工作频率将会增加，否则工作频率将维持在某一标准频率。

(3) 负载不平衡：从图 4.11 可以看出，随着对等进程数的增加，通信碎片时间及负载不平衡时间损失之和先增加、后减少，而后又增加。这是由于当对等进程数较少时，负载不平衡性很明显(由于不同对等进程中包含数量不同的不可行计算)，速度快的对等进程需要等候速度慢的对等进程。然而，随着对等进程数增加，分配给每一个对等进程的计算任务减少，负载不平衡性的影响逐渐减少。尽管仍有负载不平衡的问题，但是速度快的对等进程不需要等待过长的时间。随着对等进程数的进一步增加，通信碎片时间及负载不平衡时间损失之和线性增加，可以推断并行 DP 算法的时钟时间还将随计算进程数的增加而进一步减少。

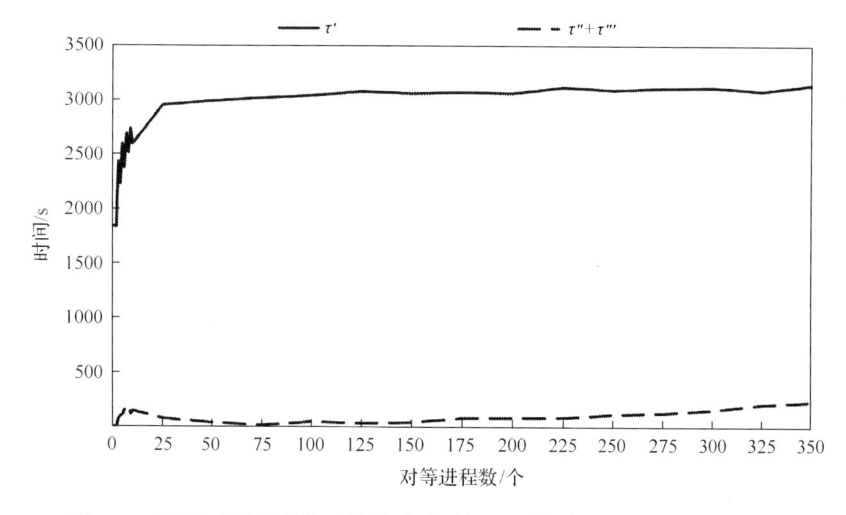

图 4.11　不同对等进程数下计算碎片时间、通信碎片时间及负载不平衡时间损失之和对比(Li et al., 2014b)

4.6 三峡-清江梯级长期联合优化调度

三峡-清江梯级构成了巨型混联水库群，两梯级地理位置靠近、电力输送通道有交叉，具备开展联合运行得天独厚的条件，因此围绕它们开展的联合优化运行探索研究有很多(高仕春等，2006；万飚等，2007；刘宁，2008；魏加华和张远东，2010；陈炯宏等，2010；Guo et al.，2011)。三峡-清江梯级的五座水电站(n=5)：三峡、葛洲坝、水布垭、隔河岩、高坝洲水电站可以概化如图 4.12 所示，并依次标示为 i=1,2,3,4,5。河流交汇点标示为 l=1，河流交汇点处的并行水库集合为 U_1=[2,5]。

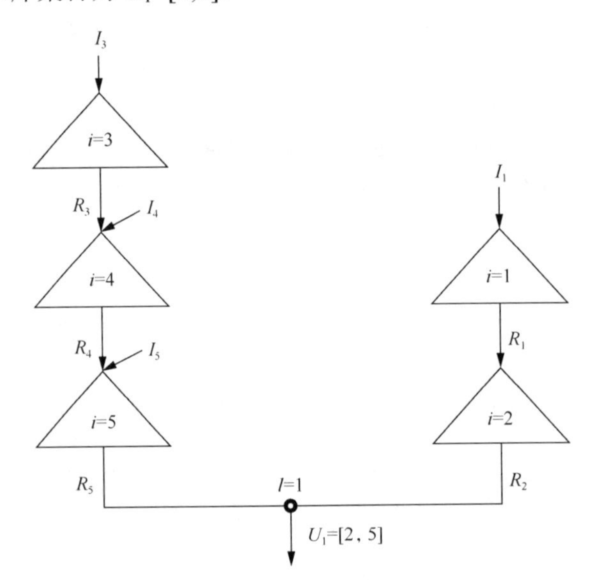

图 4.12 三峡-清江梯级概化(Li et al.，2014b)

4.6.1 补偿性分析

清江是长江出三峡的第一条支流，因此三峡梯级和清江梯级的拓扑结构是并联关系，二者的补偿性主要体现在水利和电力联系两个方面。

水利联系方面：由于长江上游和清江流域来水有先后差异、三峡梯级和清江梯级水库调节性能有差异(清江梯级水库调节性能较好，三峡梯级水库调节性能较差)，两梯级联合运行能够共同承担长江中下游地区汛期防洪以及枯水期补水(抗旱调度、生态调度、航运调度等)的任务。

电力联系方面：由于三峡梯级和清江梯级地理位置靠近、电力输送通道交叉，两梯级联合运行，从容量效益来讲能够提高系统保证出力，达到保证电力安全性和可靠性的目的；从能量效益来讲能够提高系统多年平均发电量，达到充分利用水能资源的目的。

因此，这里通过对三峡梯级和清江梯级建立水利与电力联系，来探究和对比两梯级联合优化运行前后的效益提升空间。另外，清江梯级中的水布垭为多年调节水库，为利用水布垭的调节库容，就需要开展多年长系列调度研究。考虑到近年来人类活动，如三峡上游梯级水库建设，造成长江干流宜昌站径流量变化(张建云等，2007；周建军和曹广晶，2009；刘宁，2012)，这里选择 2000 年 6 月～2010 年 5 月 10 个水文年以旬为时段长的水文数据。

4.6.2　计算条件及方案

以梯级水库发电量最大作为优化目标，这里采用 DP 算法优化，前向递推方程如式(4-1)，时段 t 的目标函数 $f_t(\cdot)$ 可以展开表示为

$$f_t(\cdot)=\sum_i N_i(t)\times\Delta t=\sum_i \varphi_i(\bar{H}_i(t),R_i'(t))\times\Delta t,\quad \forall t \tag{4-28}$$

式中

$$R_i(t)=R_i'(t)+R_i''(t),\qquad \forall t,\ \forall i \tag{4-29}$$

$$\overline{H}_i(t)=\mathrm{HF}_i(t)-\mathrm{HT}_i(t)-\mathrm{HL}_i(t),\qquad \forall t,\ \forall i \tag{4-30}$$

式中，$R_i'(t)$、$R_i''(t)$ 分别为水库 i 的水电站在时段 t 的发电流量和非发电流量；$\overline{H}_i(t)$ 为水库 i 的水电站在时段 t 的平均水头，它等于坝前平均水位 $\mathrm{HF}_i(t)$ 与坝后平均水位 $\mathrm{HT}_i(t)$ 和水头损失 $\mathrm{HL}_i(t)$ 之差；$N_i(t)$ 为水库 i 的水电站在时段 t 的出力；$\varphi_i(\cdot)$ 为水库 i 的水电站出力函数；Δt 为时段长。另外，约束条件包含式(4-2)～式(4-9)。

需要注意的是，这里按照第 3 章所述知识方法，得到三峡梯级和清江梯级各电站的知识表达，并在计算式(4-28)时通过知识函数直接查找在给定水头和流量下的水电站最优总出力；采用知识方法考虑了梯级水库调度和水电

站机组组合双层优化，也就是考虑了水电站最优利用水头和流量提高发电效率，这有别于恒定的综合出力系数方法默认在任意水头和流量下水电站的发电效率一致；时段 t 的目标函数 $f_t(\cdot)$ 的计算流程如图 4.4 所示。

优化计算采用的数据或约束资料如下。

(1) 各水库库容-坝前水位关系曲线。

(2) 各水库下泄流量-坝后水位关系曲线。

(3) 各电站出力限制曲线：三峡和葛洲坝水电站中机组机型不尽相同，电站出力限制线取不同机型机组出力限制线的加权平均值乘以电站总机组数。

(4) 各电站水头损失：三峡和葛洲坝按入库流量-水头损失关系曲线取；水布垭取 1.3m；隔河岩取 0.6m；高坝洲取 0.4m。

(5) 各电站装机容量和保证出力：这里考虑三峡 32 台发电机组情况，也就是总装机容量为 22400MW，其他电站装机容量见 1.3 节。不单独考虑电站保证出力，而是考虑梯级整体保证出力，见表 4.5。

表 4.5　三峡梯级和清江梯级水库优化调度计算方案(Li et al.，2014b)

计算方案	计算对象	PR_1^{min} / (m³/s)	PR_1^{max} / (m³/s)	N^{min}/MW	N^{max}/MW
1	三峡梯级	6000	56700	6030	20957
2	清江梯级	0	18400	628.8	3322
3	三峡-清江梯级	6000	56700	6658.8	24279

(6) 径流资料：采用 2000 年 6 月～2010 年 5 月 10 个水文年以旬为时段长的水文数据。

三峡梯级：2000～2002 年采用宜昌站日流量，经处理后得到旬流量；2003～2010 年采用三峡日入库流量，经处理后得到旬入库流量；三峡与葛洲坝相距较近，故不考虑区间汇流，认为三峡下泄流量为葛洲坝入库流量。

清江梯级：2000～2007 年根据面积比将隔河岩旬入库流量经倍比放大或缩小，得到水布垭、水布垭与隔河岩区间、隔河岩与高坝洲区间的同期流量，其中水布垭入库流量=0.7526×隔河岩入库流量，水布垭与隔河岩区间流量=隔河岩入库流量–水布垭入库流量，隔河岩与高坝洲区间流量=0.0845×隔河岩入库流量；2008～2010 年采用水布垭旬入库流量，水布垭与隔河岩区间流量=隔河岩入库流量–水布垭下泄流量，隔河岩与高坝洲区间流量=高坝洲入库流量–隔河岩下泄流量。

(7) 各水库初始和终止水位：以防洪限制水位控制，三峡取 145.0m，葛洲坝取 64.2m，水布垭取 391.8m，隔河岩取 192.2m，高坝洲取 78.55m。

(8) 各水库水位控制条件：见 1.3.4 节调度规程，另外葛洲坝水位在汛期取常数 64.8m、在非汛期取常数 64.2m，高坝洲水位取常数 78.55m。

(9) 各水库最小下泄流量控制条件：见 1.3.4 节调度规程，另外这里三峡和葛洲坝最小下泄流量除 9 月和 10 月按规程取外，其他时段均取 5000m^3/s。

(10) 计算方案。表 4.5 为三峡梯级和清江梯级水库优化调度的三个计算方案：三峡梯级和清江梯级单独调度以及三峡-清江梯级联合调度。需要说明的是：这里不同计算方案的建立相当于给定了不同的系统约束条件；通过控制河流交汇点 l=1 处的最小流量和系统最小出力建立了梯级水库的水利与电力联系；河流交汇点的最小流量考虑为 6000m^3/s，如果三峡梯级单独调度，则相当于令三峡最小下泄流量等于 6000m^3/s；这里将三峡单库约束条件中的最小下泄流量考虑为 5000m^3/s，是为了探寻联合调度后清江梯级对三峡梯级的流量补偿作用。

4.6.3　联合调度前后效益对比

根据三峡、葛洲坝、水布垭、隔河岩、高坝洲五座水电站的有效库容之比(221.5 亿 m^3：0.8 亿 m^3：24.0 亿 m^3：11.5 亿 m^3：0.5 亿 m^3)，将它们分别离散为 200、1、20、10、1 个库容状态。因此，三个计算方案的库容状态组合分别为 200×1=200、20×10=200 和 200×20×10=40000。应用并行 DP 算法，在 HPC 系统上调用 300 个计算进程，优化三峡-清江梯级联合调度，时钟时间为 1.82h；而同问题串行 DP 算法的时钟时间约为 11.5 天。

4.6.3.1　发电量对比

表 4.6 为两梯级单独调度和联合调度年平均最优发电量对比。三峡梯级和清江梯级单独调度年平均最优发电量之和 1113.66 亿 kW·h，小于两梯级联合调度年平均最优发电量 1118.64 亿 kW·h。三峡梯级和清江梯级水库联合调度较单独调度年均增发电量约 4.98 亿 kW·h，增发电量中有 3.79 亿 kW·h 来自三峡梯级，1.19 亿 kW·h 来自清江梯级。假设五座电站的发电价格统一为 0.25 元/(kW·h) (Li et al.，2014a)，年均发电效益增幅约为 1.25 亿元。

表 4.6　单独调度和联合调度年平均最优发电量对比　（单位：亿 kW·h）

电站	三峡	葛洲坝	小计	水布垭	隔河岩	高坝洲	小计	总计
梯级单独	885.45	157.52	1042.97	34.48	26.83	9.38	70.69	1113.66
梯级联合	889.80	156.96	1046.76	36.00	26.80	9.08	71.88	1118.64
联合调度前后	4.35	−0.56	3.79	1.52	−0.03	−0.30	1.19	4.98

图 4.13 为两梯级联合调度较单独调度时段平均增发电量。可以看出：年内增发电量主要分布在 4 月中旬～5 月下旬(三峡梯级枯水期)，由三峡梯级增发，以及 6 月上旬～7 月中旬(清江梯级汛期)，由清江梯级增发。

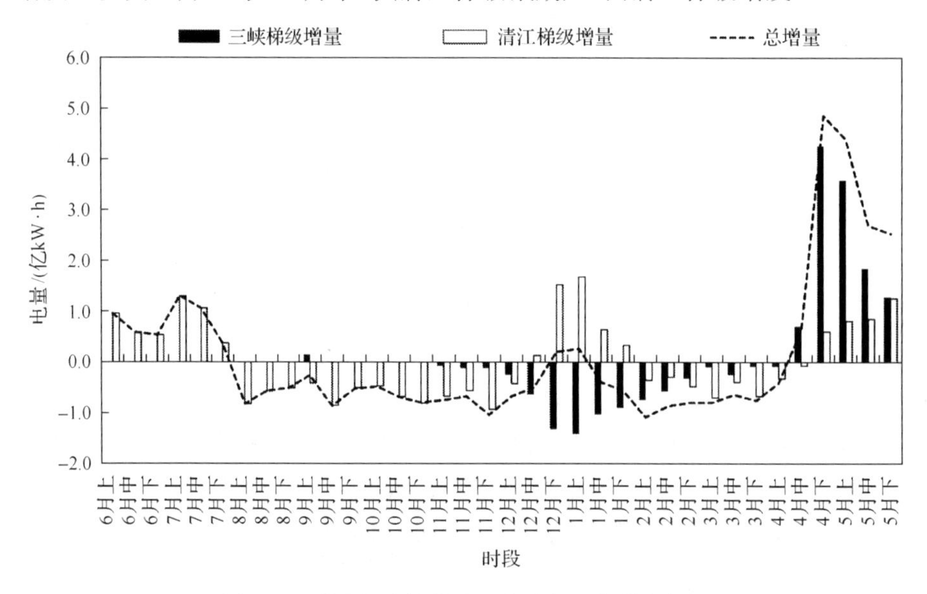

图 4.13　联合调度较单独调度时段平均增发电量

4.6.3.2　坝前水位对比

图 4.14 为两梯级单独调度和联合调度三峡、水布垭、隔河岩的时段平均坝前水位对比。可以看出：联合调度后，三峡枯水期(12 月下旬～次年 4 月下旬)运行水位明显升高，抬高水位用于发电；水布垭枯水期运行水位整体抬高用于发电；隔河岩枯水期 2～4 月运行水位明显降低，加大泄流为三峡梯级补偿流量。

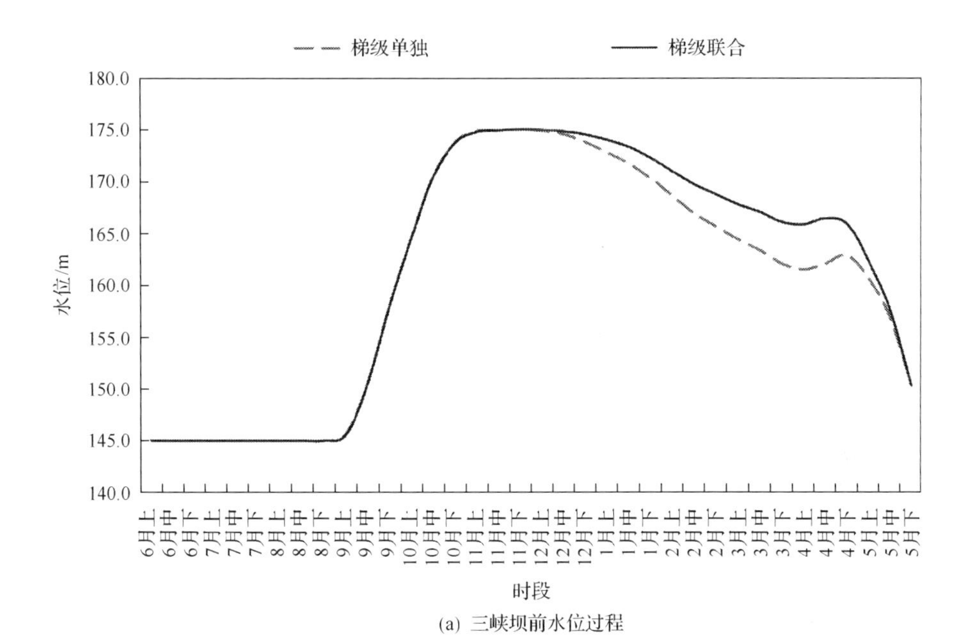

(a) 三峡坝前水位过程

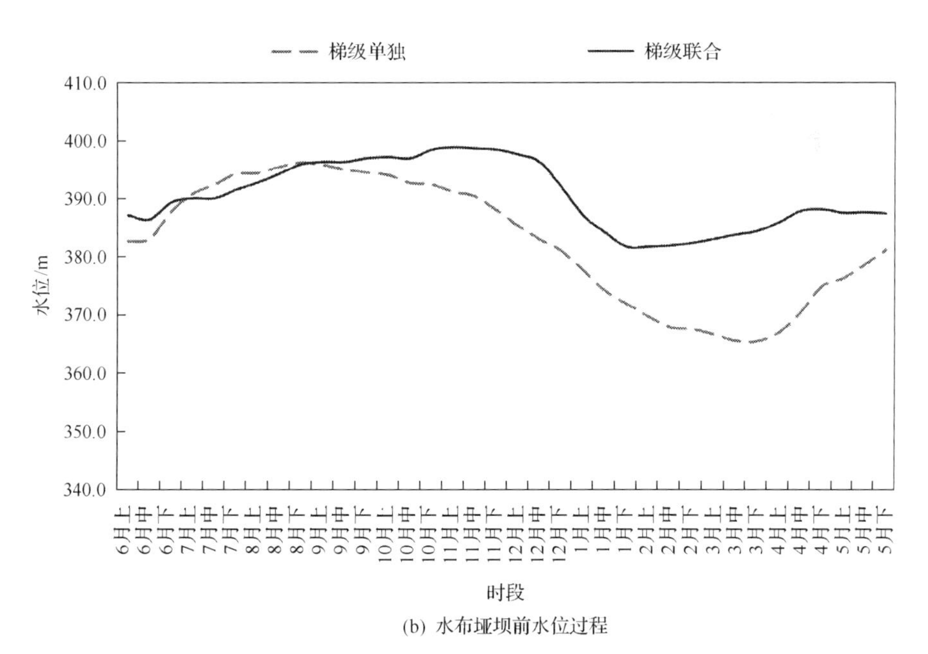

(b) 水布垭坝前水位过程

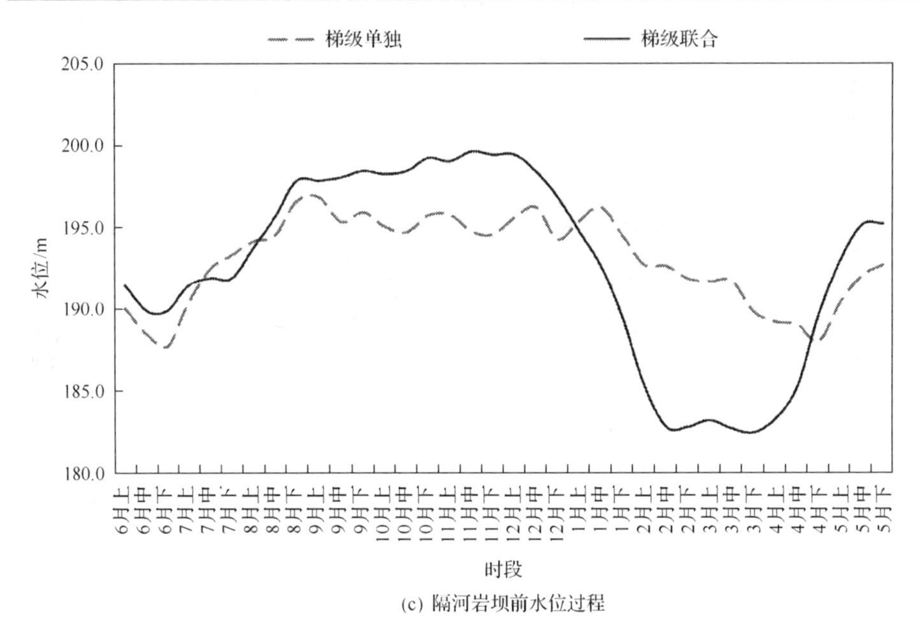

(c) 隔河岩坝前水位过程

图 4.14　单独调度和联合调度三峡、水布垭、隔河岩坝前水位对比

4.6.3.3　下泄流量对比

葛洲坝和高坝洲分别为三峡梯级和清江梯级的最下游电站，它们的下泄流量反映了经梯级调蓄后流量的变化情况。图 4.15 为两梯级单独调度和联合调度葛洲坝、高坝洲的下泄流量对比。可以看出：联合调度后，葛洲坝在枯

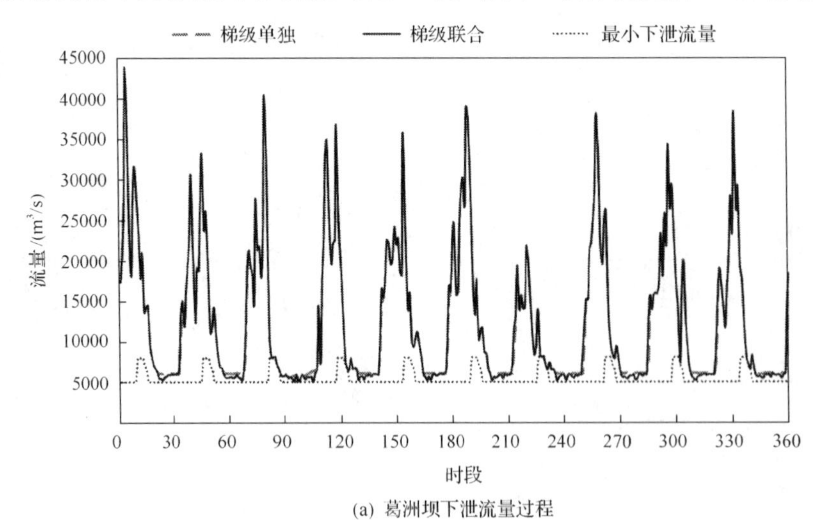

(a) 葛洲坝下泄流量过程

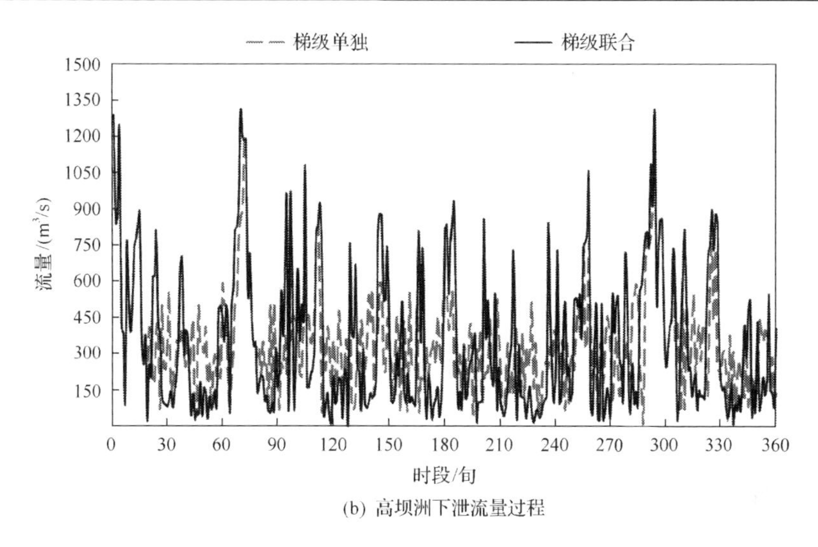

(b) 高坝洲下泄流量过程

图 4.15　单独调度和联合调度葛洲坝、高坝洲下泄流量对比

水期的下泄流量有一定减少，减少的流量用于维持三峡高水位运行，为系统带来更多的发电效益；高坝洲下泄流量变幅较联合调度前变宽，表明清江梯级对三峡梯级流量补偿作用明显。

图 4.16 为三峡梯级单独调度和三峡-清江梯级联合调度在河流交汇点 l=1 处的流量，为方便对比，图中还给出河流交汇点 l=1 处需要的最小流量。可以看出：联合清江梯级能够缓解三峡梯级单独供水的压力，提高系统整体对长江中下游地区的抗旱调度能力。

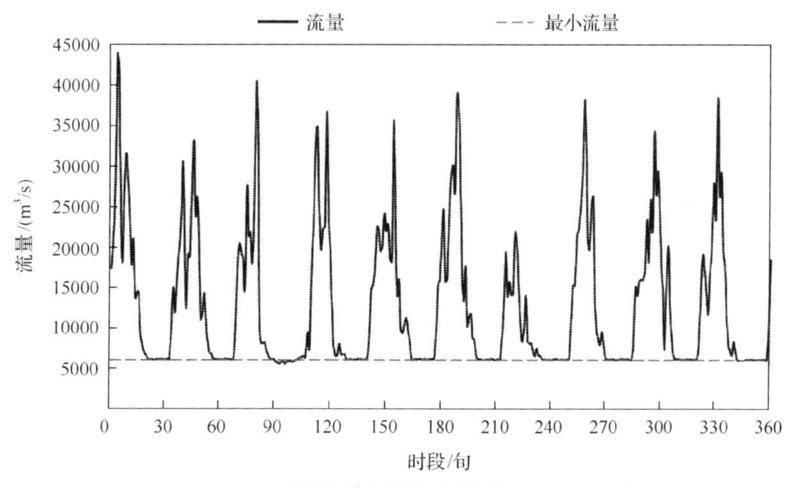

(a) 三峡梯级单独调度在河流交汇点l=1处的流量

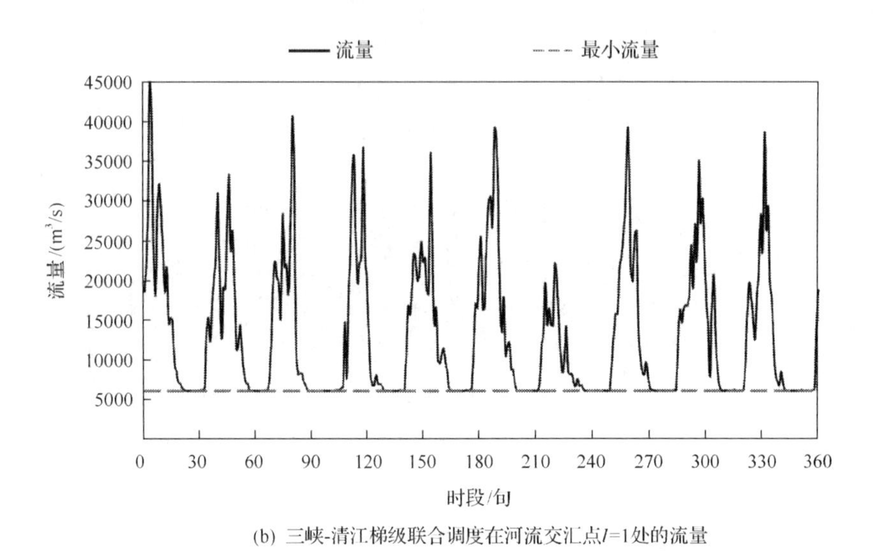

(b) 三峡-清江梯级联合调度在河流交汇点l=1处的流量

图 4.16 三峡梯级单独和三峡-清江梯级联合调度在河流交汇点 l=1 处的流量对比

4.6.3.4 弃水量对比

表 4.7 为两梯级单独调度和联合调度年平均弃水量对比。可以看出：联合调度后，清江梯级为补偿三峡梯级弃水量达 1.91 亿 m^3，弃水主要来自高坝洲。

表 4.7 单独调度和联合调度年平均弃水量对比 (单位：亿 m^3)

电站	三峡	葛洲坝	小计	水布垭	隔河岩	高坝洲	小计	总计
梯级单独	22.05	138.13	160.18	0.02	0	2.06	2.08	162.26
梯级联合	22.05	138.13	160.18	0.02	0	3.97	3.99	164.17
联合调度前后	0	0	0	0	0	1.91	1.91	1.91

图 4.17 为联合调度较单独调度高坝洲各时段平均弃水增量。可以看出：联合调度后，清江梯级为补偿三峡梯级以满足长江中下游地区用水需求，枯水期 12 月～次年 5 月有不同程度弃水；清江梯级在汛期 6 月和 7 月维持在防洪限制水位运行，增加了高坝洲的弃水。

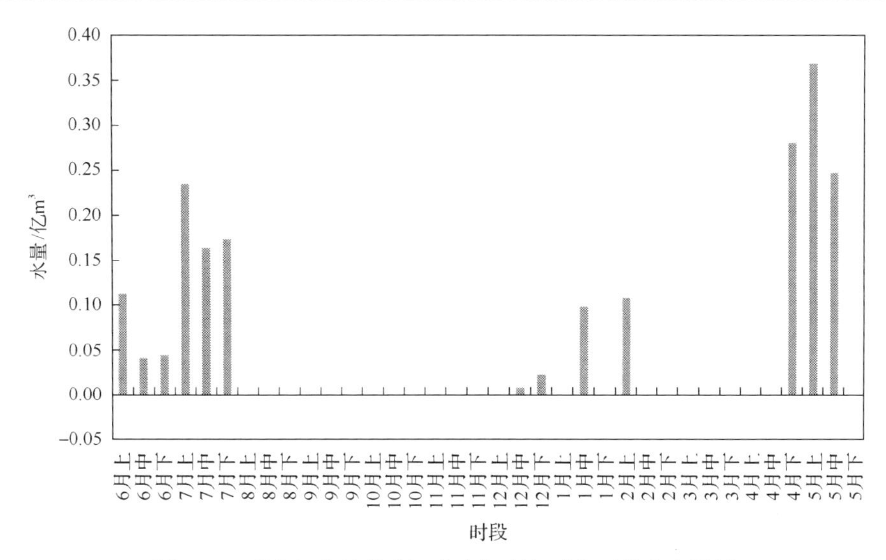

图 4.17　联合调度较单独调度高坝洲各时段平均弃水增量

4.6.3.5　系统出力对比

图 4.18 为三峡梯级、清江梯级、三峡-清江梯级的系统出力，为方便对比，图中还给出梯级水库的保证出力。

表 4.8 为两梯级单独调度和联合调度发电保证率对比。可以看出：三峡梯级单独调度发电保证率较高，达到 99.4%；清江梯级单独调度发电保证率较低，只有 77.8%；三峡-清江梯级联合调度能够提高系统整体的发电保证率，为电力系统带来更安全、更可靠的电力供应。

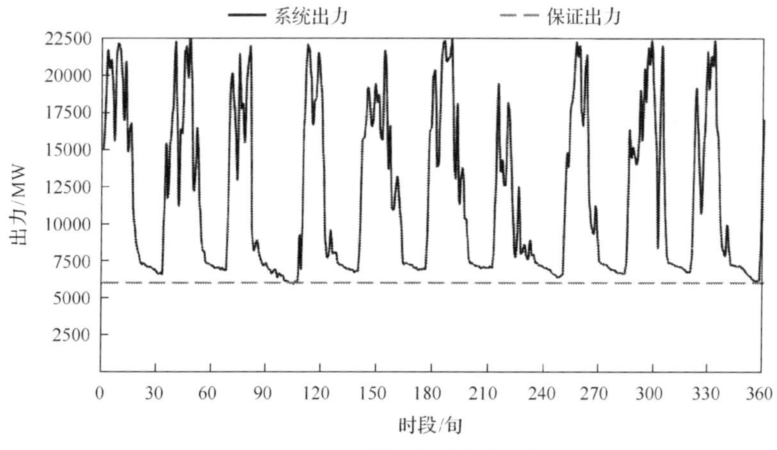

(a) 三峡梯级单独调度系统出力

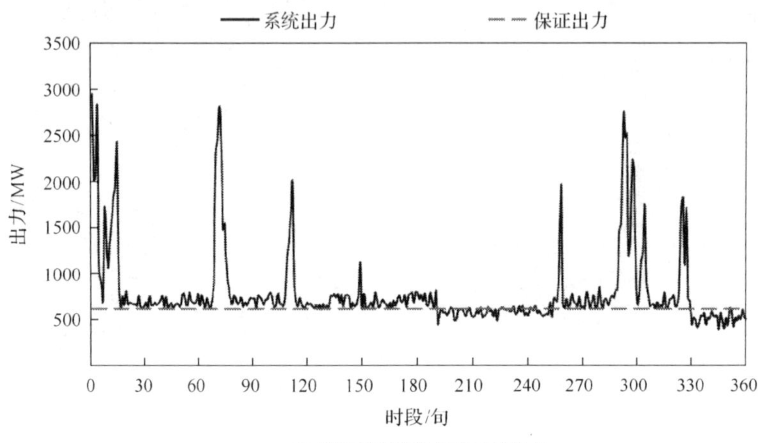

(b) 清江梯级单独调度系统出力

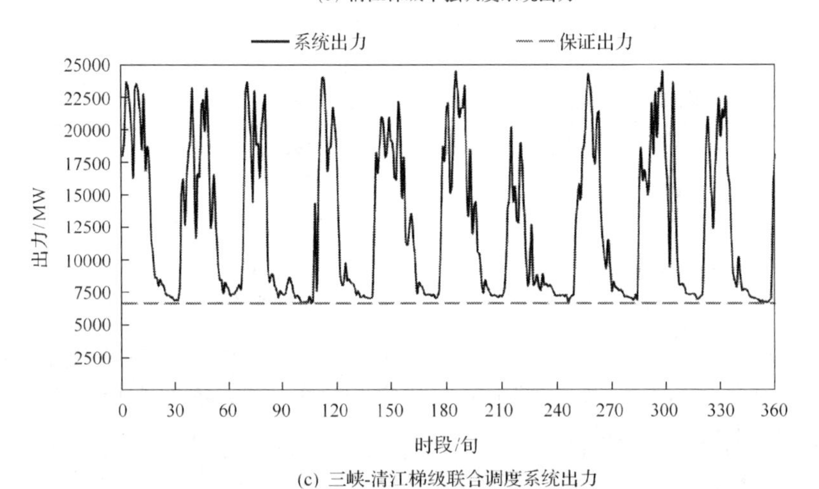

(c) 三峡-清江梯级联合调度系统出力

图 4.18　单独调度和联合调度系统出力对比

表 4.8　单独调度和联合调度发电保证率对比

计算方案	三峡梯级单独	清江梯级单独	三峡-清江梯级联合
发电保证率/%	99.4	77.8	100

4.7　本 章 小 结

本章首先建立了优化梯级水库调度的多维 DP 模型。然后，本章以矩阵形式表示 DP 算法的解空间，估算了执行 DP 算法需要的最小计算内存。分析可知计算内存瓶颈可能导致 DP 算法无法在单机或共享式内存并行计算机上计算多水库问题，即使采用 DP 算法的变化体，如 IDP 算法或 DDDP 算法，也无法求解超过一定数量的水库调度问题。因此，本章基于分布式内存并行计算机和 MPI 通信协议，提出了一种并行 DP 算法，考虑了分布式计算和分布式内存，能够减少计算时间，同时缓解计算内存瓶颈。

本章以经典四水库问题为例测试并行 DP 算法的计算性能，在 HPC 系统上调用最多 350 个对等进程进行计算，结果表明并行 DP 算法能够显著减少计算时间，并行效率较高，如求解四水库问题时钟时间从串行算法的 1818.6s 减少到并行算法的 9.7s；加速比随对等进程数的增加而不断增加，还远未达到极限加速比；时钟时间还将随着对等进程数的增加而进一步减少，预示着并行 DP 算法在大规模并行计算资源中的应用前景。

本章应用并行 DP 算法优化三峡-清江梯级水库长期联合调度问题，得到的主要结论有：①采用并行 DP 算法，能够明显改善串行 DP 算法的计算问题，本章利用串行 DP 算法计算两梯级联合调度的时钟时间约为 11.5 天，而利用并行 DP 算法，在 HPC 系统上调用 300 个计算进程进行计算，时钟时间仅为 1.82h；②建立三峡与清江两梯级水利和电力联系的联合调度方式，能够带来比两梯级单独调度方式更多的经济社会效益：以 2000～2010 年十年的水文数据作为模型输入，年均增发电量达 4.98 亿 kW·h，增发电量主要来自三峡梯级枯水期和清江梯级汛期，联合清江梯级能够缓解三峡梯级枯水期单独供水的压力，从而提高系统整体对长江中下游地区的抗旱调度能力；三峡-清江梯级水库联合调度能够为电力系统带来更安全、更可靠的电力供应。

为进一步应用提出的并行 DP 算法求解大规模的梯级水库调度问题，一种方法是将提出的并行 DP 算法应用到更大规模的并行计算资源中。实际上，近年来已有一些研究开始利用大规模并行计算资源着手解决水资源问题，例如，Reed 和 Kollat（2013）应用并行多目标进化算法，调用多达 8192 个计算进程求解地下水监测问题；Kollet 等（2010）和 Maxwell（2013）调用多达 16384 个计算进程运行水文模型 ParFlow。另一种方法是利用分布式数据管理进一步缓解 DP 算法可能因占内存过大而不可计算的问题。这时可以借助计算机硬盘容量大的优势，将变量分解并存储在不同的计算机硬盘中，当 DP 算法求解递推方程或追溯最优路径时，可从被确定的计算机硬盘中获得所需数据。

未来工作可以考虑将提出的梯级水库调度-水电站机组组合双层优化方法应用于求解长江上游、金沙江、雅砻江、大渡河、乌江等大型梯级水库联合调度。通过知识方法考虑水头和流量引起的水电站发电效率变化，实现最优分配水头和水量。另外，需要视计算资源条件，将并行 DP 算法扩展到 DP 算法的变化体，如 IDP 算法或 DDDP 算法，研究具有较好调节性能的水库对不具有或具有较差调节性能的水库的补偿调节作用，这时水库数和计算时段数的增加将导致时空高维问题，此时并行 DP 类算法或许就能够体现出它的优势。

第5章　水库汛期综合效益权衡的多目标规划

水库调度一般涉及多个相互竞争的目标，尤其是在汛期，为保障防洪安全，水库应限制在低水位运行，充分预留库容应对未来潜在的大洪水事件；为提高发电效益，水库应提高运行水位，从而增发电量、减少发电水耗；为减少泥沙淤积，水库应利用低水位、大流量，将库区泥沙输移至下游。目前，大多数调度方案在整个汛期过度地考虑了小概率洪水事件，在洪水较小时空置了大部分可用库容，造成水库汛期弃水较多、发电耗水率大，降低蓄满保证率或推迟蓄满时间，影响了水库综合效益的发挥。为最大化水库综合效益，一系列替代调度方案被相继提出，如提高汛限水位、汛末提前蓄水等(邱瑞田等，2004；Li et al.，2010；Liu et al.，2011；曹广晶，2011)，需要开展不同调度方案的多目标规划和权衡分析。另外，传统调度目标耦合生态调度目标也是新时期优化水库运行的大势所趋(Wan et al.，2010；Wang et al.，2015)。针对上述问题，本章以三峡工程为例，构建权衡社会、经济、生态效益的水库汛期多目标规划数学模型，考虑三个主要调度目标，包括防洪(社会目标)、发电(经济目标)、输沙(输磷，生态目标)，使用优化软件LINGO求解得到三种调度方案(即设计调度方案、提高汛限水位方案、汛末提前蓄水方案)、三场典型洪水过程(即枯、平、丰洪水过程)下水库多目标运行成果，为科学管理提供了模型方法和参考依据。

本章主体结构安排如下：5.1节构建水库汛期调度的多目标规划数学模型，并相应提出模型求解策略；5.2节以三峡汛期多目标优化调度为例，收集数据资料，设计计算方案；5.3节计算和讨论结果，对不同调度方案和洪水过程开展多目标规划和权衡分析，此外还估算了与输沙量密切相关且对水库上下游生态环境具有重要影响的输磷量。

5.1　水库汛期调度的数学模型

5.1.1　目标函数

水库汛期调度主要考虑的目标包括：发电量最大化、下泄洪峰流量最小化、输沙量最大化。这些主要目标的数学表达形式如下。

5.1.1.1　子模块 1：发电量最大化

水力发电是将势能转化为动能进而转化为电能的过程。这里以发电量最大化作为目标函数，可表示为

$$\begin{aligned}\max\sum_{t=1}^{T}E_t &= \max\sum_{t=1}^{T}N_t\cdot\Delta t\\ &= \max\sum_{t=1}^{T}9.81\cdot\eta_t\cdot R_t'\cdot\overline{H}_t\cdot\Delta t\end{aligned} \tag{5-1}$$

$$R_t = R_t' + R_t'' \tag{5-2}$$

$$\overline{H}_t = \mathrm{HF}_t - \mathrm{HT}_t - \mathrm{HL}_t \tag{5-3}$$

$$\mathrm{HF}_t = a_0 + a_1\cdot\overline{V}_t + a_2\cdot\overline{V}_t^2 \tag{5-4}$$

$$\mathrm{HT}_t = b_0 + b_1\cdot R_t + b_2\cdot R_t^2 \tag{5-5}$$

$$\eta_t = c_0 + c_1\cdot\overline{H}_t + c_2\cdot\overline{H}_t^2 + c_3\cdot\overline{H}_t^3 \tag{5-6}$$

式中，t 为时段索引，$t\in[1,T]$，T 为时段数；E_t 为水库的水电站在时段 t 的发电量；N_t 为水库的水电站在时段 t 的出力；Δt 为时段长；R_t、R_t' 和 R_t'' 分别为水库在时段 t 的下泄流量、发电流量和非发电流量；$\overline{H}_t$ 为水库的水电站在时段 t 的平均水头；HF_t 为水库在时段 t 的坝前平均水位，它是水库平均库容 $\overline{V}_t$ 的函数，$\overline{V}_t=(V_t+V_{t-1})/2$，$V_{t-1}$ 为水库在时段 t 初的库容，V_t 为水库在时段 t 末的库容；a_0、a_1、a_2 为多项式拟合系数；HT_t 为水库在时段 t 的坝后平均水位，它是水库下泄流量 R_t 的函数；b_0、b_1、b_2 为多项式拟合系数；HL_t 为水库在时段 t 的平均水头损失；η_t 为水库水电站发电效率，它是水库平均水头 $\overline{H}_t$ 的函数；c_0、c_1、c_2、c_3 为多项式拟合系数。

5.1.1.2　子模块 2：洪峰流量最小化

防洪是水库汛期调度的重中之重。防洪调度涉及两方面要求，一方面要控制水库的坝前水位以确保大坝结构安全、避免溃坝灾难；另一方面要控制水库的下泄流量以确保下游河段安全、避免洪灾淹没损失。这里以下泄洪峰流量最小化作为目标函数，可表示为

$$\min\left\{\max_{t\in[1,T]} R_t\right\} \tag{5-7}$$

其等价形式表示为

$$R_t \leqslant R_t^{\min} + \beta \cdot \Delta R, \quad \forall t \tag{5-8}$$

式中，$R_t^{\min}$ 为水库在时段 t 的最小下泄流量；ΔR 为 R_t 的增量；β 为整数常量，β=0,1,2,…。

5.1.1.3 子模块 3：输沙量最大化

为维持水库有效库容，应尽可能减少水库泥沙淤积。这里以输沙量最大化作为目标函数，可表示为

$$\max\sum_{t=1}^{T} Q_t^s \cdot \Delta t = \max\sum_{t=1}^{T} R_t \cdot S_t \cdot \Delta t \tag{5-9}$$

式中，Q_t^s 为水库在时段 t 的输沙率，$Q_t^s = R_t \cdot S_t$，S_t 为出库水体在时段 t 的含沙量，假设与坝前含沙量相同，可采用水流挟沙力 $S_{*,t}$ 近似表示为

$$S_t = S_{*,t} = k \cdot \left(\frac{u_t^{\ 3}}{g \cdot h_t \cdot \omega}\right)^m \tag{5-10}$$

式中，u_t 为水流在时段 t 的平均流速，$u_t \propto R_t / \left(B \cdot h_t\right)$，$B$ 为河宽，h_t 为平均水深；g 为重力加速度；ω 为泥沙颗粒的沉降速度；k 和 m 为经验参数，通常 k 取 0.245，m 取 0.92（钱宁和万兆惠，1983；Fang and Wang，2000）。

假定平均库容 $\overline{V_t} = \left(V_{t-1} + V_t\right)/2 = k' \cdot B \cdot h_t^2$，$k'$为参数，式(5-10)可改写为

$$S_t = k \cdot \left(\frac{R_t^3}{g \cdot B^3 \cdot h_t^4 \cdot \omega}\right)^m = k \cdot \left(\frac{k'^2}{g \cdot B \cdot \omega} \cdot \frac{R_t^3}{\overline{V_t}^2}\right)^m = \alpha \cdot \frac{R_t^{3m}}{\overline{V_t}^{2m}} \tag{5-11}$$

式中

$$\alpha = k \cdot \left(\frac{k'^2}{g \cdot B \cdot \omega}\right)^m \tag{5-12}$$

5.1.2　约束条件

约束条件包含水量平衡约束、坝前水位约束、最大/最小下泄流量约束、最大/最小发电流量约束、最大/最小出力约束、坝前水位变幅约束、初始和终止坝前水位约束等。

(1) 水量平衡约束：

$$V_t = V_{t-1} + \left(I_t - R_t\right) \times \Delta t, \quad \forall t \tag{5-13}$$

式中，I_t 为水库在时段 t 的入库流量。这里假设蒸发考虑到入库流量中。

(2) 坝前水位约束：

$$\mathrm{HF}_t^{\min} \leqslant \mathrm{HF}_t \leqslant \mathrm{HF}_t^{\max}, \quad \forall t \tag{5-14}$$

$$\mathrm{HF}_t \leqslant \mathrm{FCWL} + \sigma_t, \quad t \in \text{汛期} \tag{5-15}$$

式中，HF_t 为水库在时段 t 末的坝前水位；$\mathrm{HF}_t^{\min}$ 和 $\mathrm{HF}_t^{\max}$ 分别为水库在时段 t 末的最小与最大坝前水位；FCWL 为水库的汛限水位；σ_t 为水库在时段 t 末超出汛限水位部分的坝前水位。

(3) 最大/最小下泄流量约束：

$$R_t^{\min} \leqslant R_t \leqslant R_t^{\max}, \quad \forall t \tag{5-16}$$

式中，$R_t^{\min}$ 和 $R_t^{\max}$ 分别为水库在时段 t 的最小与最大下泄流量。

(4) 最大/最小发电流量约束：

$$R_t'^{\min} \leqslant R_t' \leqslant R_t'^{\max}, \quad \forall t \tag{5-17}$$

式中，$R_t'^{\min}$ 和 $R_t'^{\max}$ 分别为水库的水电站在时段 t 的最小与最大发电流量。

(5) 最大/最小出力约束：

$$N_t^{\min} \leqslant N_t \leqslant N_t^{\max}, \quad \forall t \tag{5-18}$$

式中，$N_t^{\min}$ 和 $N_t^{\max}$ 分别为水库的水电站在时段 t 的最小与最大出力。

(6) 坝前水位变幅约束：

$$\Delta\mathrm{HF}_t^{\min} \leqslant \mathrm{HF}_t - \mathrm{HF}_{t-1} \leqslant \Delta\mathrm{HF}_t^{\max}, \quad \forall t \tag{5-19}$$

式中，$\Delta\mathrm{HF}_t^{\min}$ 和 $\Delta\mathrm{HF}_t^{\max}$ 分别为水库在时段 t 的最小与最大坝前水位变幅。

(7)初始和终止坝前水位约束：

$$\mathrm{HF}_0 = \mathrm{HF}^{\mathrm{initial}} \tag{5-20}$$

$$\mathrm{HF}_T = \mathrm{HF}^{\mathrm{final}} \tag{5-21}$$

式中，$\mathrm{HF}^{\mathrm{initial}}$ 和 $\mathrm{HF}^{\mathrm{final}}$ 分别为水库在调度期初始与终止的坝前水位。

5.1.3　求解策略

求解上述多目标规划数学模型包括两个步骤。

(1)求解一个等价的综合目标函数，可表示为

$$\max\left(\sum_{t=1}^{T} E_t + \gamma \cdot \sum_{t=1}^{T} R_t / \overline{V}_t - \zeta \cdot \sum_{t=1}^{T} \sigma_t\right) \tag{5-22}$$

式中，γ 和 ζ 为惩罚因子，取正值。

(2)将步骤(1)得到的 R_t 和 $\overline{V}_t$ 作为输入，求解子模块 3。

式(5-22)中，第 1 项使得发电量最大化；第 2 项通过最大化水库下泄流量与平均库容的比值，使得输沙量最大化；第 3 项通过最小化水库在各时段超出汛限水位部分的坝前水位的累加值，使得水库坝前水位在大洪水过后迅速降回汛限水位。构建等价的综合目标函数，是由于直接求解包括子模块 3 在内的整体模型十分棘手，子模块 3 中强非线性表达式可利用式(5-22)中的第 2 项得以简化处理。

通过上述两个步骤，能够求解本章构建的水库多目标调度模型，并且通过调整式(5-8)中的 β，进而能够得到不同调度方案、不同洪水过程下三目标的权衡。

整体模型符合非线性规划(NLP)的模型建构，可利用优化软件 LINGO 的 Multi-start 求解器进行高质高效求解(LINDO Systems Inc.，2015)。

5.2　三峡汛期多目标优化调度

在汛期(6 月 1 日～10 月 31 日)，三峡工程坝址处多年平均径流量约占全年的 2/3，发电量约占全年的 60%，输沙量约占全年的 90%以上。因此，汛期调度是三峡工程调度的重中之重。

三峡工程截断长江，破坏了河流物质通量的连续性，进而影响了水生生

态系统(Suen and Eheart，2006；Wang et al.，2008)。水库蓄水造成库区水位抬高、水流流速减缓和挟沙能力降低，导致上游来沙在库区淤积，影响水库有效库容(韩其为和杨小庆，2003；Li et al.，2011b)。观测资料表明，2003～2016年三峡水库排沙比为24.1%，泥沙淤积量为1.21亿t/年(水利部长江水利委员会，2016)。另外，清水下泄导致下游河床冲刷，将改变长江中下游水文情势和江湖关系(Yuan et al.，2012；Wang et al.，2017)。输向河口海洋的沙量减少，也会影响河口三角洲发育与演变并引起其他生态问题(Jiao et al.，2007)。

近年来，水库运行的生态效应已引起广泛关注(Mitsch et al.，2008；Yi et al.，2010；Xu et al.，2011)。碳、氮、磷等营养盐是水生态系统的基础生源物质，对初级生产力以及整个生态系统有重要影响，因此可作为有效的生态指标之一。研究发现，泥沙(尤其是细颗粒泥沙)与营养物质间存在复杂的理化作用(Horowitz，2008；Huang et al.，2016)。三峡库区泥沙的中值粒径D_{50}小于0.02mm，其比表面积大且表面活性吸附位多，对营养物质(尤其是磷)有很强的亲和性(Davis and Kent，1990；Wang et al.，2009；Fang et al.，2013)。因此，大部分营养物质会吸附在泥沙颗粒表面，以吸附态的形式进行迁移扩散(Withers and Jarvie，2008；Huang et al.，2015a，b)。三峡工程建成后，水库蓄水拦截泥沙的同时拦截了大量营养物质，改变了天然河流的地球化学特性，进而影响水生态系统(Zhou et al.，2013)。据作者所知，目前少有水库调度策略关注于营养物输移(Cunha et al.，2016；Yu et al.，2018)。科学排沙、平衡大坝上下游营养物质通量，进而恢复库区及坝下生态环境、实现水库多功能效益发挥仍需理论支持。

5.2.1　数据来源

研究数据包括历史水文和水库调度数据，来自长江水利委员会水文局和中国长江三峡集团有限公司。主要数据包括：①1956～2013年的日径流量，其中2003年以前为宜昌站日径流量，2003年以后为三峡工程日入库流量；②2003～2013年黄陵庙站日含沙量，代表三峡工程的平均出库含沙量；③2008～2013年宜昌、汉口、九江、大通站月平均磷通量；④2003～2013年三峡工程日调度数据，包括发电流量和非发电流量、坝前水位和坝后水位、发电量等。

水电站发电效率η_t通过2013年发电量、坝前水位和坝后水位、发电流量等实测数据推求，如图5.1所示。

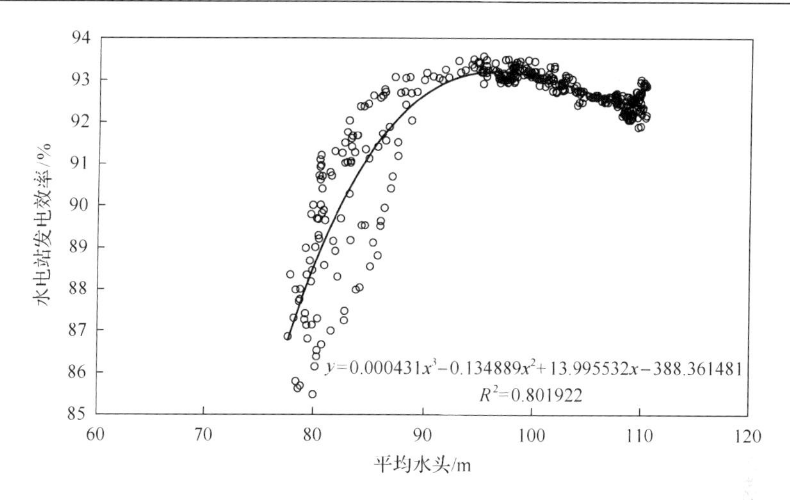

图 5.1　水电站发电效率与平均水头的关系(Huang et al.，2019)

出库水体含沙量 S_t 与 $R_t^{3m}/\overline{V}_t^{2m}$ 的关系如图 5.2 所示，通过 2003～2013 年三峡汛期含沙量、下泄流量、坝前水位、坝前水位-库容关系曲线等实测数据推求。可以看出，总体上，含沙量 S_t 随下泄流量 R_t 的增加和平均库容 $\overline{V_t}$ 的减少而增加；图中实线为线性回归拟合曲线，α 取 513351，确定性系数 R^2=0.6462，拟合结果较好，实测值基本位于模拟值的 50%～200%范围内。

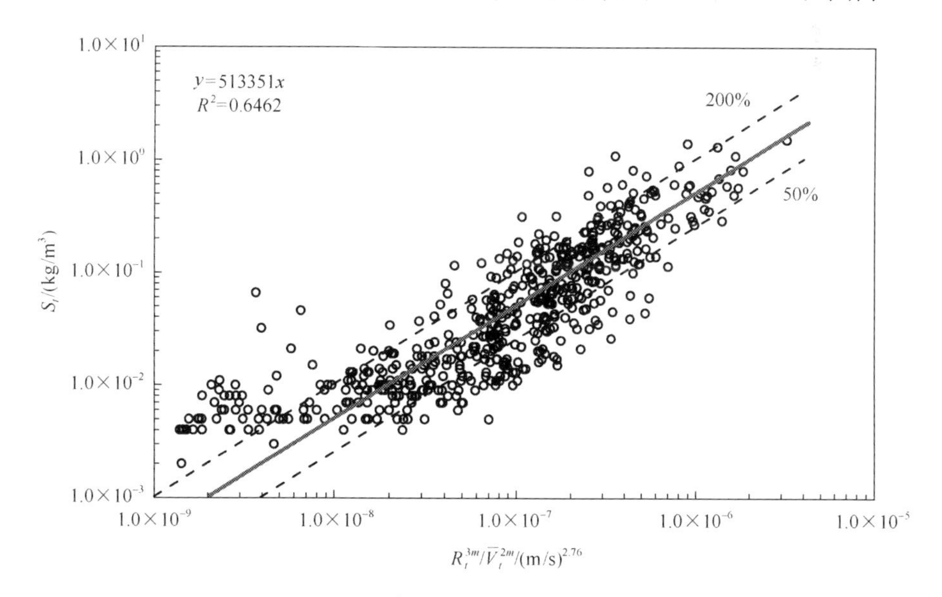

图 5.2　S_t 与 $R_t^{3m}/\overline{V}_t^{2m}$ 的关系(Huang et al.，2019)

5.2.2　典型洪水过程

根据水文频率分析成果，本节从 1956～2013 年汛期选取了三场典型洪水过程，包括枯水年(1977 年)、平水年(2003 年)、丰水年(1989 年)，对应水文频率分别为 75%、50%、25%。三场典型洪水过程如图 5.3 所示，洪水过程特征如表 5.1 所示。可以看出，三场典型洪水汛期径流量分别为 2783 亿 m^3、3045 亿 m^3、3297 亿 m^3，分别占全年径流量的 65.8%、74.4%、69.0%；最大洪峰分别为 38600m^3/s、45000m^3/s、60200m^3/s，洪峰出现时间分别为 7 月 11 日、9 月 4 日、7 月 14 日。

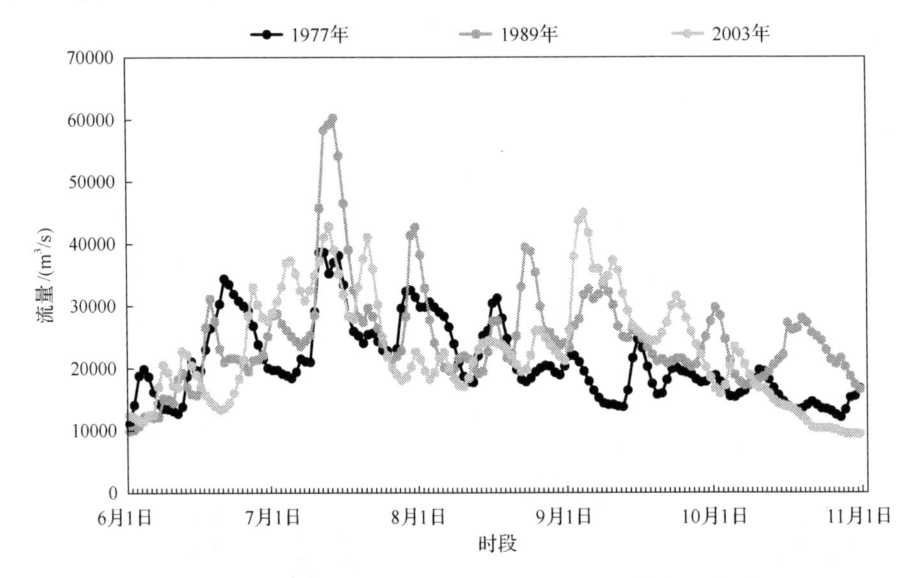

图 5.3　三场典型洪水过程(Huang et al.，2019)(彩插见附页)

表 5.1　三场典型洪水过程特征(Huang et al.，2019)

年份	1977	2003	1989
洪水过程	枯	平	丰
水文频率/%	75	50	25
汛期径流量/亿 m^3	2783	3045	3297
汛期径流量占全年径流量百分比/%	65.8	74.4	69.0
最大洪峰/(m^3/s)	38600	45000	60200
洪峰出现时间	7 月 11 日	9 月 4 日	7 月 14 日

5.2.3　调度方案

本节采用三种调度方案开展比较研究，包括设计调度方案、提高汛限水位方案、汛末提前蓄水方案，各方案概况如表 5.2 所示。

表 5.2　三种调度方案概况（Huang et al.，2019）

调度方案	汛限水位/m	蓄水时间
设计调度方案	145	10 月 1 日
提高汛限水位方案	150	10 月 1 日
	155	10 月 1 日
汛末提前蓄水方案	145	9 月 16 日
	145	9 月 1 日

（1）设计调度方案。三峡工程坝前水位在整个汛期应保持在汛限水位 145m；遇大洪水情况下，水库拦蓄洪水，坝前水位允许临时超出汛限水位；大洪水过后，坝前水位必须复降至汛限水位，以预留足够的防洪库容应对未来潜在的大洪水；从 10 月 1 日起，坝前水位逐渐回升至正常蓄水位 175m。

（2）提高汛限水位方案。汛限水位较低可能导致大量的非发电流量或弃水，一方面可能影响电力生产的经济效益，另一方面可能降低水库在汛末的蓄满保证率。这里讨论的第一种替代调度方案是提高汛限水位方案，如图 5.4（a）所示，包括 150m 和 155m 两种设置。

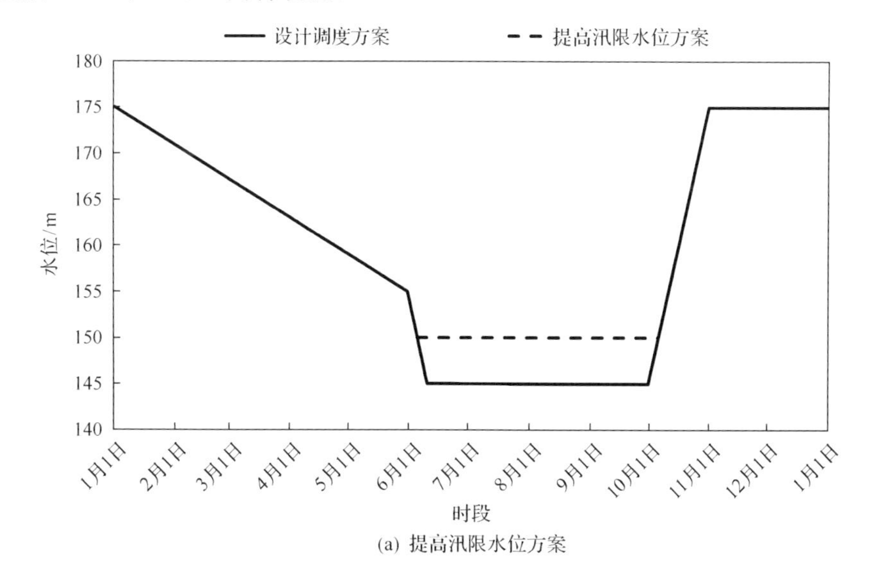

(a) 提高汛限水位方案

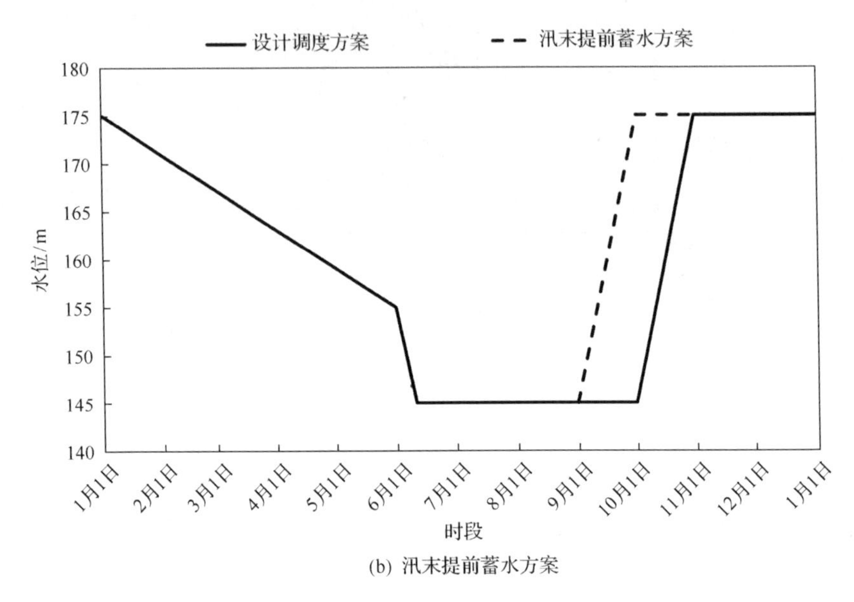

(b) 汛末提前蓄水方案

图 5.4　两种替代调度方案示意图(Huang et al., 2019)

(3)汛末提前蓄水方案。历史数据分析表明，长江洪水主汛期一般发生在7月和8月，发生在9月的概率较低。为减少弃水、提高蓄满保证率，这里讨论的第二种替代调度方案是汛末提前蓄水方案，如图5.4(b)所示，包括9月16日起蓄水和9月1日起蓄水两种设置。

5.3　结果和讨论

5.3.1　模拟结果

三峡工程最后一台水力发电机组，即第32台机组，于2012年并网发电。因此，这里选取2013年的数据进行模型验证。已知2013年三峡工程实际入库流量、下泄流量、初始坝前水位等，采用式(5-1)模拟三峡工程发电量，并与2013年实测值进行比较，如图5.5所示，图中实线和虚线分别表示三峡工程发电量模拟值和实测值。可以看出，发电量模拟值与实测值非常接近，确定性系数R^2=0.9977，表明建立的模型可以很好地模拟三峡工程的发电过程。

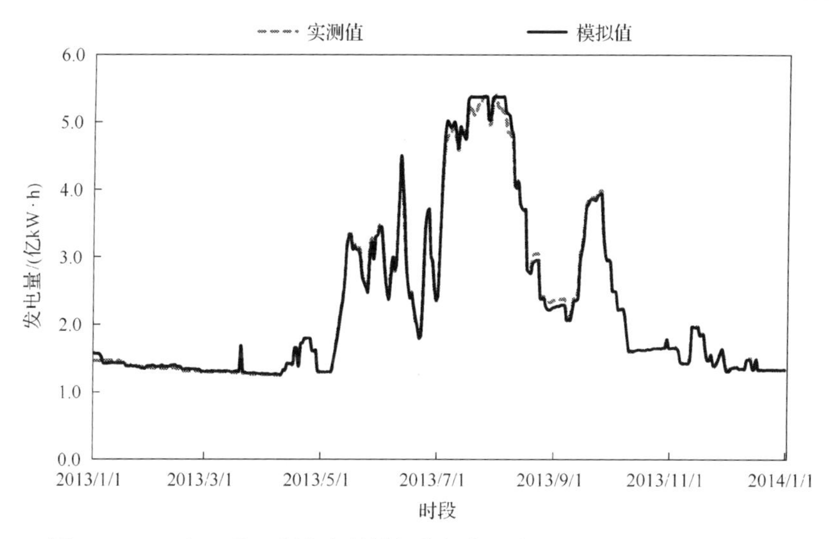

图 5.5　2013 年三峡工程发电量模拟值与实测值对比(Huang et al.，2019)

已知 2003～2013 年汛期三峡工程的实际坝前水位和下泄流量，结合坝前水位-库容关系曲线，采用式(5-11)模拟三峡工程汛期出库含沙量，并与黄陵庙站实测值进行比较，如图 5.6 所示。可以看出，总体上，模拟出库含沙量与实测值基本一致，峰值能够较好地再现，确定性系数 R^2=0.6408。

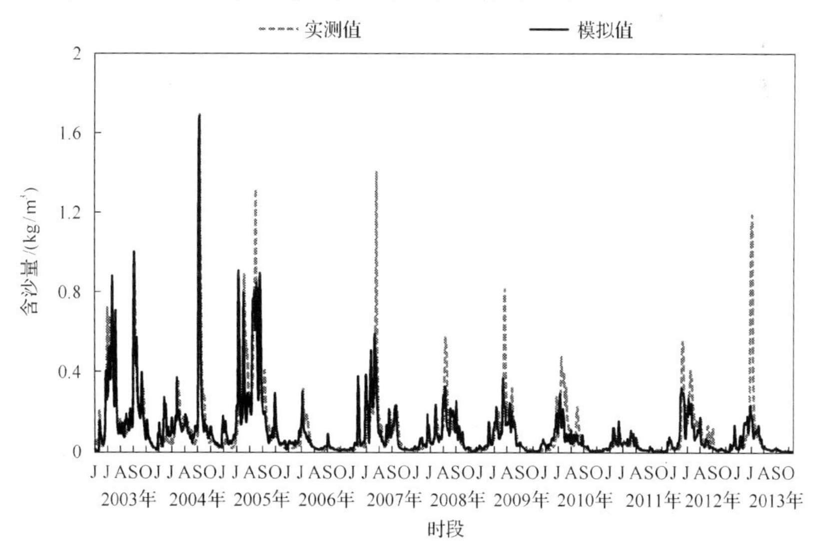

图 5.6　2003～2013 年汛期三峡工程出库含沙量模拟值与黄陵庙站含沙量实测值对比(Huang et al.，2019)

图中每年上部分 J、J、A、S、O 分别代表 6 月、7 月、8 月、9 月、10 月

5.3.2　优化结果

下面对三种调度方案下(即设计调度方案、提高汛限水位方案、汛末提前蓄水方案)三场典型洪水过程(即枯、平、丰)进行优化计算。所有计算均从 6 月 1 日起至 10 月 31 日止，包含 153 个计算时段(以日为时间步长，即 Δt=1 日)。初始坝前水位设置为 155m，终止坝前水位设置为 175m(即 $HF^{initial}$=155m，HF^{final}=175m)。所有计算内容都在 Thinkpad X260 上完成，Multi-start 求解器的起始点数设置为 5，每次优化计算的平均运行时间为 10～30s。值得注意的是，LINGO 软件在求解大规模变量和约束的 NLP 问题时质量较高，作者在过去类似工作中已经证明(Li et al.，2014；李想等，2015；Si et al.，2018，2019)，这里不再进一步讨论。

将各调度方案下每场典型洪水过程优化计算结果分为三类：①第 I 类是发电量最大化或下泄洪峰流量最小化的极端结果；②第 II 类是输沙量最大化或下泄洪峰流量最大化的极端结果；③第III类是三个调度目标的折中结果。

5.3.2.1　设计调度方案

设计调度方案下三场典型洪水过程计算结果如表 5.3 所示。

表 5.3　设计调度方案下三场典型洪水过程计算结果(Huang et al.，2019)

洪水过程	目标值	I	II	III
枯	发电量/(亿 kW · h)	560	500	504
	下泄洪峰流量/(m³/s)	25000	38600	32500
	输沙量/万 t	1517	2796	2613
平	发电量/(亿 kW · h)	620	534	544
	下泄洪峰流量/(m³/s)	27500	45000	35000
	输沙量/万 t	1999	4640	3999
丰	发电量/(亿 kW · h)	699	588	601
	下泄洪峰流量/(m³/s)	27500	52500	40000
	输沙量/万 t	1734	5377	4084

在枯洪水过程下，最大发电量为 560 亿 kW · h，相应的下泄洪峰流量为 25000m^3/s，输沙量为 1517 万 t；最大输沙量为 2796 万 t，相应的发电量为 500 亿 kW · h，下泄洪峰流量为 38600m^3/s。

在平洪水过程下，最大发电量为 620 亿 kW·h，相应的下泄洪峰流量为 27500m^3/s，输沙量为 1999 万 t；最大输沙量为 4640 万 t，相应的发电量为 534 亿 kW·h，下泄洪峰流量为 45000m^3/s。

在丰洪水过程下，最大发电量为 699 亿 kW·h，相应的下泄洪峰流量为 27500m^3/s，输沙量为 1734 万 t；最大输沙量为 5377 万 t，相应的发电量为 588 亿 kW·h，下泄洪峰流量为 52500m^3/s。

设计调度方案下三场典型洪水过程计算的坝前水位、发电量、输沙率过程如图 5.7～图 5.9 所示。可以看出，发生大洪水时，三峡工程坝前水位会抬升超出汛限水位，直至超出汛限水位部分的水量能够被三峡工程安全平稳下泄，水位才会再次降回至汛限水位，这符合汛期三峡工程坝前水位控制的实际情况。总体来说，抬升坝前水位将增加发电量并减小下泄洪峰流量，但也将因此减少输向水库下游河段的沙量。

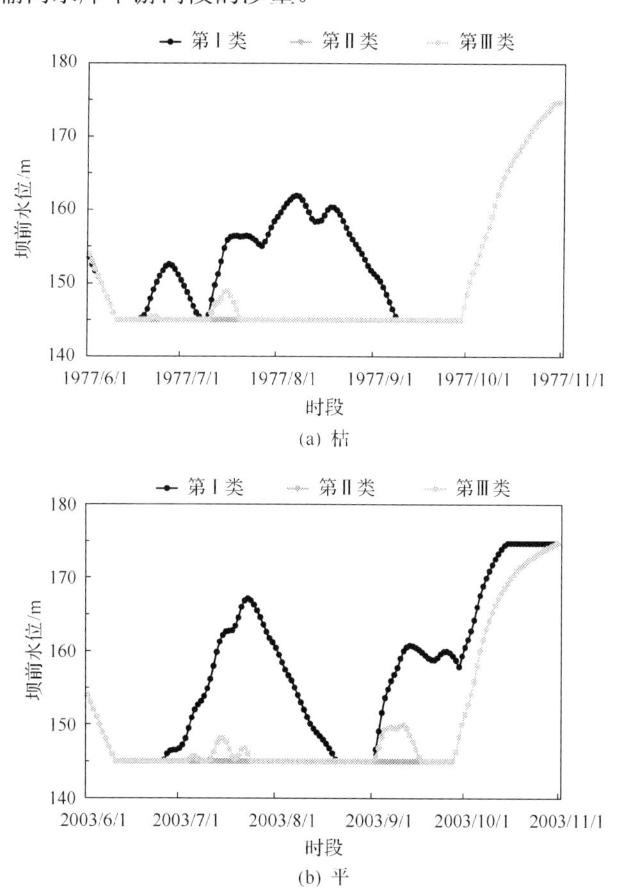

(a) 枯

(b) 平

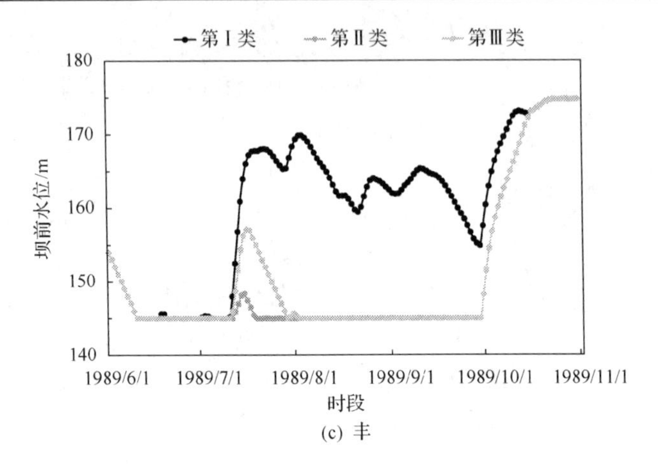

(c) 丰

图 5.7　设计调度方案下三场典型洪水的坝前水位过程(Huang et al.，2019)(彩插见附页)

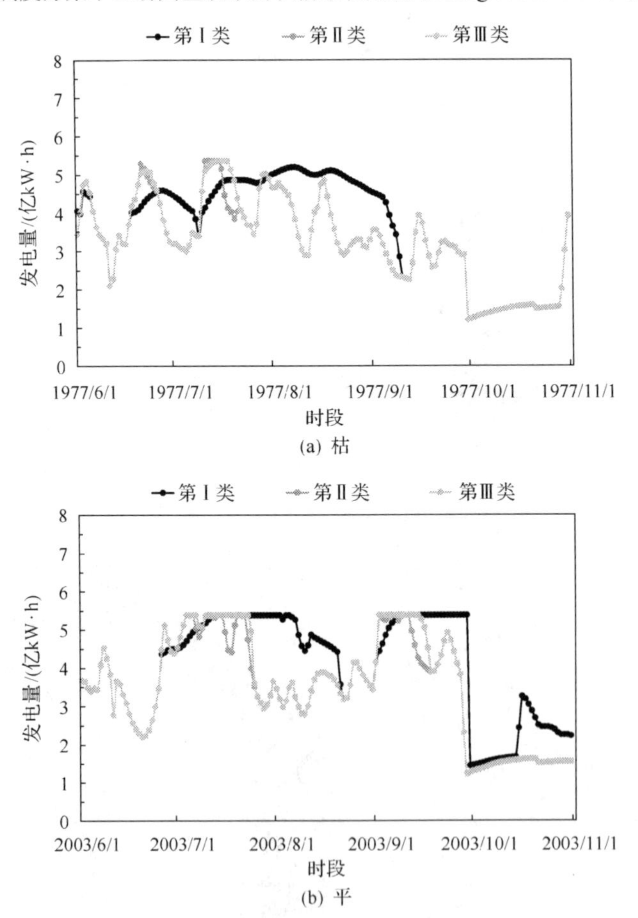

(a) 枯

(b) 平

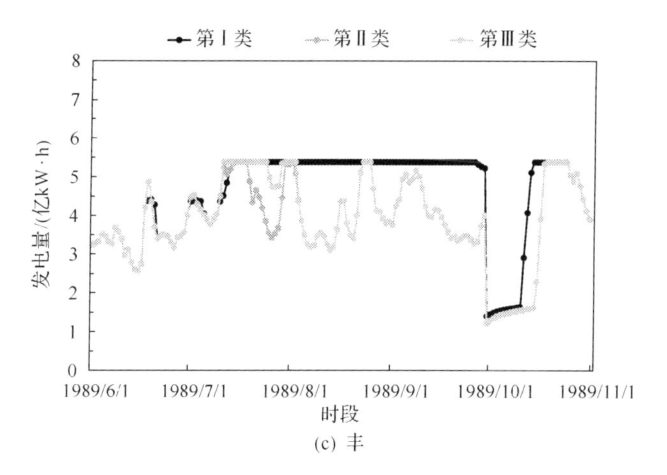

(c) 丰

图 5.8 设计调度方案下三场典型洪水的发电量过程(Huang et al., 2019)(彩插见附页)

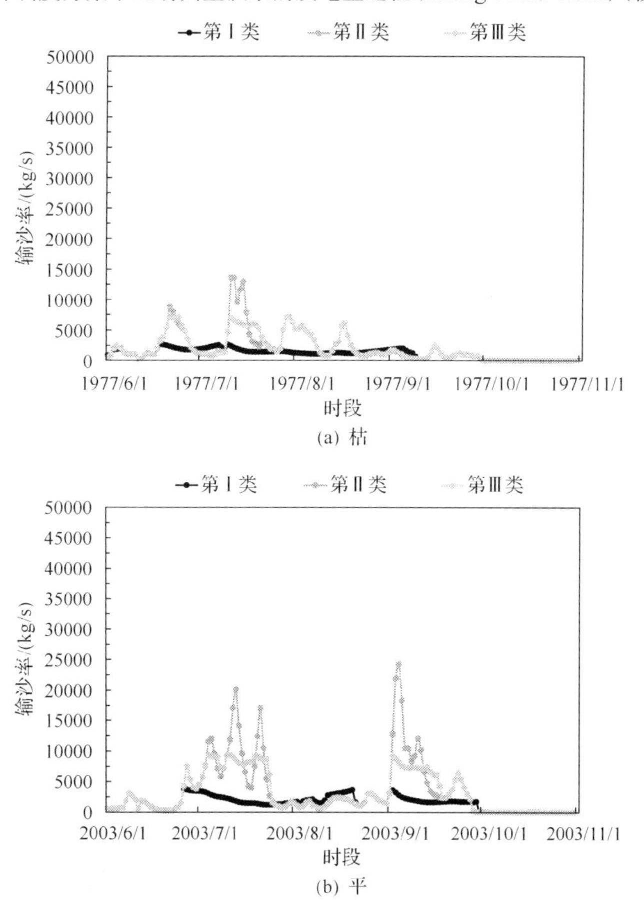

(b) 平

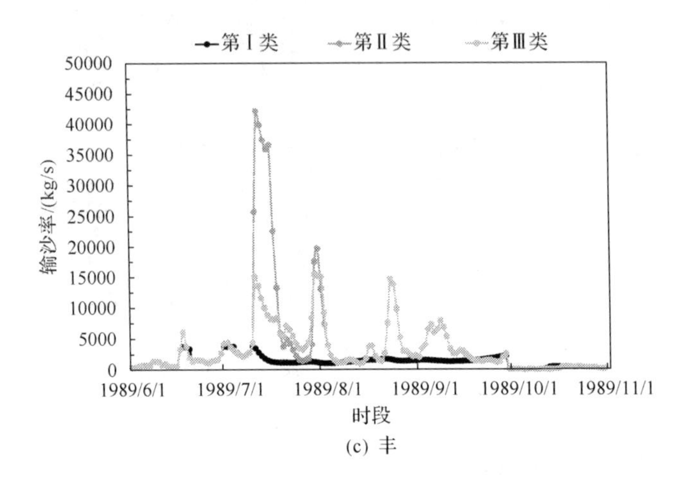

(c) 丰

图 5.9 设计调度方案下三场典型洪水的输沙率过程(Huang et al., 2019)(彩插见附页)

5.3.2.2 提高汛限水位方案

提高汛限水位方案下三场典型洪水过程计算结果如表 5.4 所示，表中还给出了提高汛限水位方案下各目标值相对设计调度方案(即汛限水位 145m)的变化情况。

表 5.4 提高汛限水位方案下三场典型洪水过程计算结果(Huang et al., 2019)

洪水过程	目标值	汛限水位 150m			汛限水位 155m		
		I	II	III	I	II	III
枯	发电量/(亿 kW · h)	571 (2.0%)	545 (9.1%)	545 (8.1%)	584 (4.2%)	582 (16.5%)	579 (14.8%)
	下泄洪峰流量/(m^3/s)	25000 (0.0%)	33778 (–12.5%)	30000 (–7.7%)	25000 (0.0%)	31547 (–18.3%)	27500 (–15.4%)
	输沙量/万 t	1453 (–4.2%)	2069 (–26.0%)	2009 (–23.1%)	1343 (–11.5%)	1552 (–44.5%)	1526 (–41.6%)
平	发电量/(亿 kW · h)	627 (1.1%)	577 (8.0%)	577 (5.9%)	632 (1.8%)	610 (14.2%)	609 (11.8%)
	下泄洪峰流量/(m^3/s)	27500 (0.0%)	42902 (–4.7%)	35000 (0.0%)	27500 (0.0%)	38000 (–15.6%)	32500 (–7.1%)
	输沙量/万 t	1965 (–1.7%)	3688 (–20.5%)	3543 (–11.4%)	1963 (–1.8%)	2966 (–36.1%)	2766 (–30.8%)

续表

洪水过程	目标值	汛限水位 150m			汛限水位 155m		
		I	II	III	I	II	III
丰	发电量/(亿 kW·h)	705 (1.0%)	639 (8.7%)	642 (6.9%)	708 (1.4%)	678 (15.4%)	678 (12.9%)
	下泄洪峰流量/(m^3/s)	27500 (0.0%)	52500 (0.0%)	40000 (0.0%)	27500 (0.0%)	52500 (0.0%)	40000 (0.0%)
	输沙量/万 t	1730 (−0.2%)	4110 (−23.6%)	3321 (−18.7%)	1750 (0.9%)	3305 (−38.5%)	2810 (−31.2%)

注：括号中数值表示目标值较设计调度方案(即汛限水位 145m)的提升百分比。

汛限水位设置为 150m 时，在枯、平、丰洪水过程下，发电量分别增加 2.0%～9.1%、1.1%～8.0%、1.0%～8.7%，下泄洪峰流量分别减少 0%～12.5%、0%～4.7%、0%，输沙量分别减少 4.2%～26.0%、1.7%～20.5%、0.2%～23.6%。

汛限水位设置为 155m 时，在枯、平、丰洪水过程下，发电量分别增加 4.2%～16.5%、1.8%～14.2%、1.4%～15.4%，下泄洪峰流量分别减少 0%～18.3%、0%～15.6%、0%，输沙量分别减少 11.5%～44.5%、1.8%～36.1%、−0.9%～38.5%。

需要注意的是，如果再进一步提高汛限水位，尤其是在丰洪水过程下，下泄洪峰流量达到 52500m^3/s，汛限水位达到 155m 时，将严重威胁防洪安全，使得确保大坝结构安全和下游河段安全都存在较大压力。

5.3.2.3　汛末提前蓄水方案

汛末提前蓄水方案下三场典型洪水过程计算结果如表 5.5 所示，表中同样给出了汛末提前蓄水方案下各目标值相对设计调度方案(即 10 月 1 日起蓄水)的变化情况。

如果 9 月 16 日起蓄水，在枯、平、丰洪水过程下，发电量分别增加 4.0%～4.5%、2.8%～5.8%、2.6%～4.1%，下泄洪峰流量没有变化，输沙量分别减少 4.2%～7.8%、8.0%～11.1%、3.3%～9.3%。

如果 9 月 1 日起蓄水，在枯、平、丰洪水过程下，发电量分别增加 7.9%～8.3%、5.0%～13.4%、4.6%～9.8%，下泄洪峰流量几乎没有变化，输沙量分别减少 7.3%～17.1%、17.5%～34.4%、13.2%～17.4%。

表 5.5 汛末提前蓄水方案下三场典型洪水过程计算结果(Huang et al.，2019)

洪水过程	目标值	9 月 16 日			9 月 1 日		
		I	II	III	I	II	III
枯	发电量/(亿 kW·h)	583 (4.0%)	522 (4.5%)	527 (4.4%)	604 (7.9%)	541 (8.3%)	546 (8.2%)
	下泄洪峰流量/(m^3/s)	25000 (0.0%)	38600 (0.0%)	32500 (0.0%)	25000 (0.0%)	38600 (0.0%)	32500 (0.0%)
	输沙量/万 t	1399 (−7.8%)	2677 (−4.2%)	2495 (−4.5%)	1258 (−17.1%)	2592 (−7.3%)	2409 (−7.8%)
平	发电量/(亿 kW·h)	638 (2.8%)	563 (5.5%)	576 (5.8%)	651 (5.0%)	605 (13.4%)	610 (12.1%)
	下泄洪峰流量/(m^3/s)	27500 (0.0%)	45000 (0.0%)	35000 (0.0%)	27500 (0.0%)	42800 (−4.9%)	35000 (0.0%)
	输沙量/万 t	1823 (−8.8%)	4270 (−8.0%)	3553 (−11.1%)	1648 (−17.5%)	3045 (−34.4%)	2804 (−29.9%)
丰	发电量/(亿 kW·h)	717 (2.6%)	612 (4.1%)	625 (4.0%)	731 (4.6%)	645 (9.8%)	658 (9.6%)
	下泄洪峰流量/(m^3/s)	27500 (0.0%)	52500 (0.0%)	40000 (0.0%)	27500 (0.0%)	52500 (0.0%)	40000 (0.0%)
	输沙量/万 t	1572 (−9.3%)	5197 (−3.3%)	3904 (−4.4%)	1469 (−15.3%)	4666 (−13.2%)	3373 (−17.4%)

注：括号中数值表示目标值较设计调度方案(即 10 月 1 日蓄水)的提升百分比。

不同调度方案、不同洪水过程下三个调度目标的雷达图如图 5.10、图 5.11 所示，图中各目标值分别采用最大发电量 731 亿 kW·h、最大下泄洪峰流量 52500m^3/s、最大输沙量 5377 万 t 进行归一化处理。

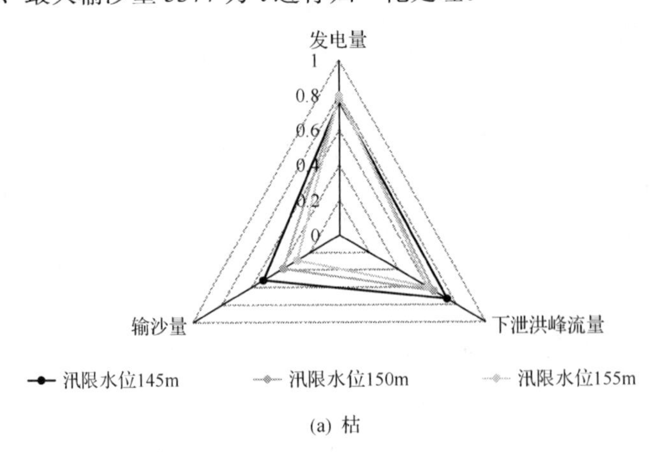

(a) 枯

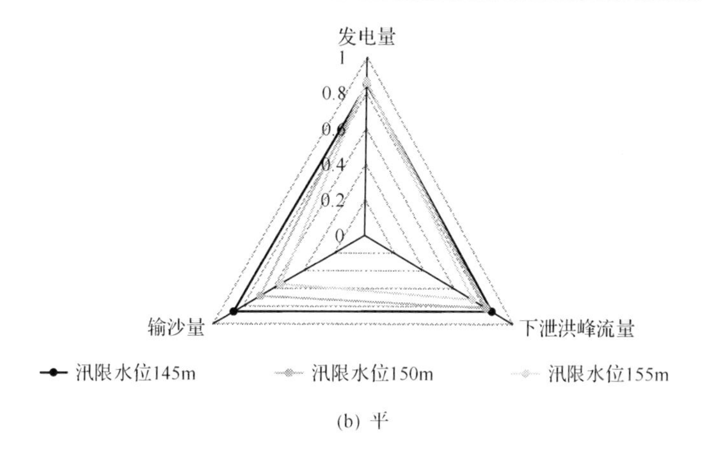

(b) 平

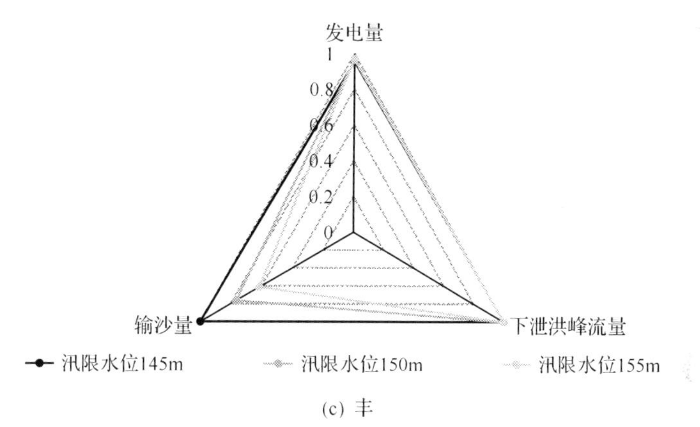

(c) 丰

图 5.10　不同汛限水位不同洪水过程下三个调度目标的雷达图 (Huang et al.，2019)(彩插见附页)

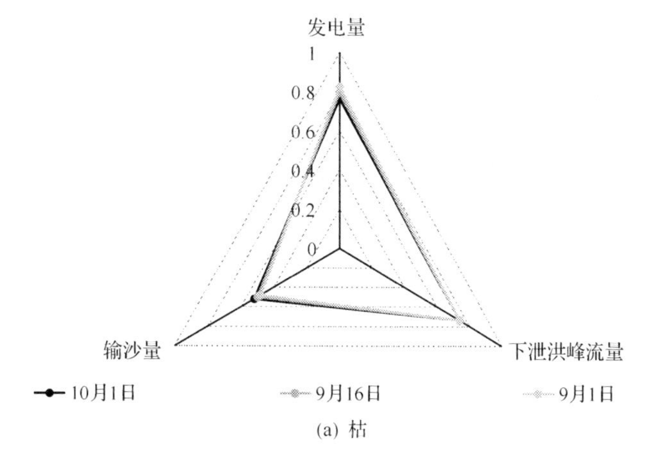

(a) 枯

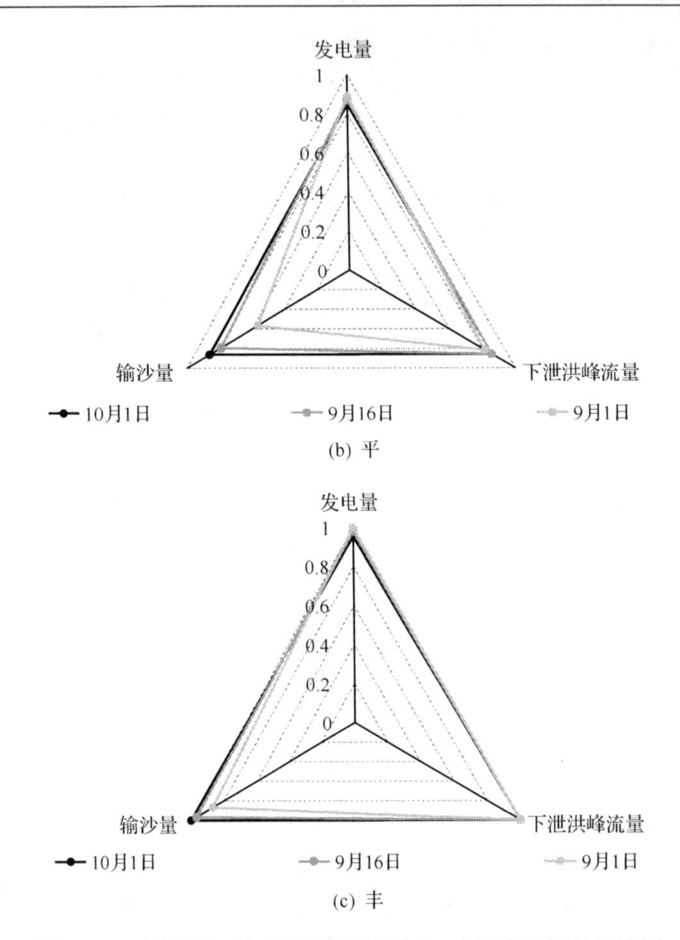

图 5.11　不同蓄水时间不同洪水过程下三个调度目标的雷达图（Huang et al.，2019）（彩插见附页）

综上，可以得出如下结论：①提高汛限水位和汛末提前蓄水两种方案均会增加发电量，减少下泄洪峰流量，减少输沙量；②提高汛限水位方案减少下泄洪峰流量和输沙量的幅度，大于汛末提前蓄水方案。因此，为提升三峡工程综合效益，对比设计调度方案和提高汛限水位方案，汛末提前蓄水方案更值得推荐，这是由于它能够同时增加发电量、保证大坝结构安全和长江中下游河段防洪安全、增加水库汛末蓄满保证率，且对输沙量的影响相对较小。

5.3.3　对水库下游磷通量影响

磷是水生态系统必不可少的营养物质之一(Elser et al.，2007；Schelske，

2009)。藻类等浮游植物通过光合作用将无机磷合成为有机磷，构成河流中的初级生产力，为鱼类等水生生物提供食物养料。一方面，三峡工程蓄水将大量的磷拦截在库区，使得库区营养物质过剩，富营养化现象频繁发生(中华人民共和国环境保护部，2013—2016；Ji et al.，2017)；另一方面，输移到长江中下游河段的磷大幅减少，将影响下游水生态系统及物种数量(Stone，2008；Chai et al.，2009)。因此，为实现三峡工程综合效益，应关注水库调度运行对磷输移的影响。

泥沙是磷的主要载体。通过综合收集三峡库区(2004 年，5～9 月)和寸滩站(2005～2010 年，6～9 月)的实测数据，得到总磷浓度 C_t^{TP} 和含沙量 S_t 的关系(Huang et al.，2015a)，如图 5.12 所示，图中实线为拟合曲线，可表示为

$$C_t^{\mathrm{TP}} = 0.4926 \times S_t^{0.4806} \tag{5-23}$$

式中，C_t^{TP} 为在时段 t 的总磷浓度(mg/L)。确定性系数 R^2=0.6839，表明总磷浓度可以采用式(5-23)进行有效估算，其中含沙量 S_t 可通过式(5-11)计算得到。接着，水库下泄的磷通量(L_t^{TP})可采用 $L_t^{\mathrm{TP}} = C_t^{\mathrm{TP}} \times R_t$ 估算。

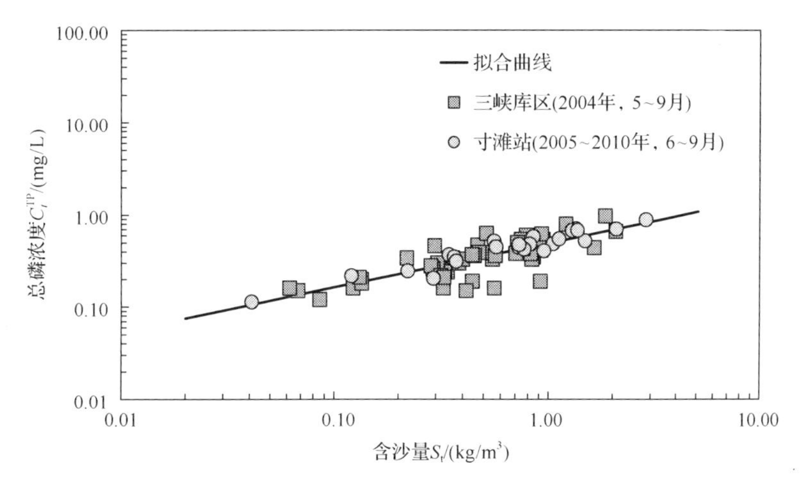

图 5.12　总磷浓度 C_t^{TP} 和含沙量 S_t 的关系(Huang et al.，2015a)

2008～2013 年汛期宜昌站磷通量的模拟值与实测值比较如图 5.13 所示。可以看出，该模型能够较好地模拟三峡工程的磷通量过程。

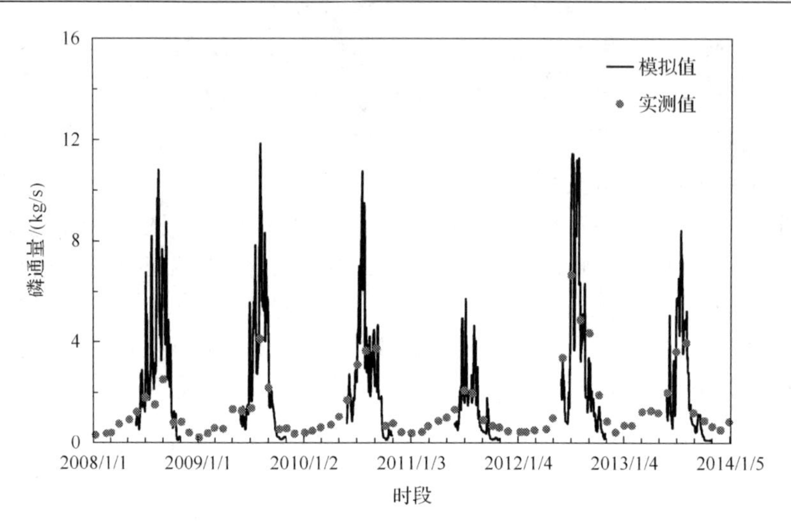

图 5.13　2008～2013 年汛期宜昌站磷通量的模拟值与实测值比较(Huang et al.，2019)

不同调度方案、不同洪水过程下输磷量如表 5.6 所示。在设计调度方案下，枯、平、丰洪水过程输磷量的范围分别为 3152 万～4021 万 kg、3740 万～5345 万 kg、3682 万～5784 万 kg。在提高汛限水位方案下，枯、平、丰洪水过程输磷量的范围分别减少 2.9%～23.4%、1.0%～18.7%、-0.1%～20.1%。在汛末提前蓄水方案下，枯、平、丰洪水过程输磷量的范围分别减少 4.6%～12.2%、6.2%～22.1%、3.8%～12.8%。因此，汛末提前蓄水方案下输磷量比提高汛限水位方案减少的幅度小。设计调度方案下三场典型洪水过程下磷通量过程如图 5.14 所示。

表 5.6　不同调度方案、不同洪水过程下输磷量(Huang et al.，2019)　(单位：万 kg)

洪水过程	调度方案	I	II	III
枯	设计调度方案	3152	4021	3943
	汛限水位 150m	3061 (-2.9%)	3508 (-12.8%)	3486 (-11.6%)
	汛限水位 155m	2926 (-7.2%)	3079 (-23.4%)	3075 (-22.0%)
	9 月 16 日起蓄水	2967 (-5.9%)	3836 (-4.6%)	3758 (-4.7%)
	9 月 1 日起蓄水	2769 (-12.2%)	3702 (-7.9%)	3624 (-8.1%)

续表

洪水过程	调度方案	I	II	III
平	设计调度方案	3740	5345	5093
	汛限水位 150m	3702 (–1.0%)	4812 (–10.0%)	4758 (–6.6%)
	汛限水位 155m	3695 (–1.2%)	4346 (–18.7%)	4246 (–16.6%)
	9 月 16 日起蓄水	3508 (–6.2%)	4948 (–7.4%)	4644 (–8.8%)
	9 月 1 日起蓄水	3329 (–11.0%)	4162 (–22.1%)	4071 (–20.1%)
丰	设计调度方案	3682	5784	5336
	汛限水位 150m	3668 (–0.4%)	5111 (–11.6%)	4846 (–9.2%)
	汛限水位 155m	3684 (0.1%)	4619 (–20.1%)	4459 (–16.4%)
	9 月 16 日起蓄水	3477 (–5.5%)	5566 (–3.8%)	5118 (–4.1%)
	9 月 1 日起蓄水	3346 (–9.1%)	5099 (–11.8%)	4651 (–12.8%)

注：括号中数值表示目标值较设计调度方案(即汛限水位 145m、10 月 1 日起蓄水)的提升百分比。

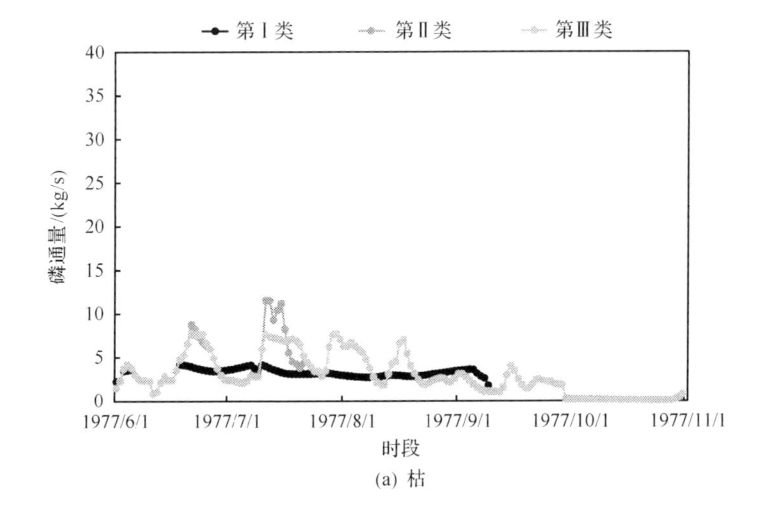

(a) 枯

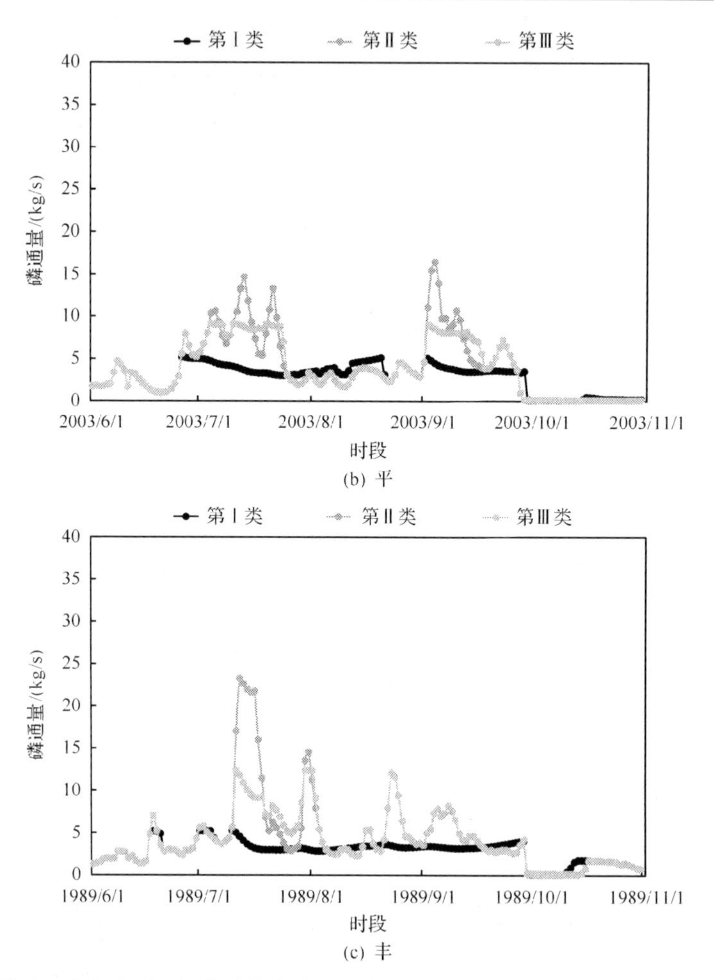

(b) 平

(c) 丰

图 5.14　设计调度方案下三场典型洪水过程下磷通量过程(Huang et al.，2019)(彩插见附页)

此外，2008～2013 年宜昌、汉口、九江、大通站磷通量的实测值如图 5.15 所示，图中虚线表示平均值。容易看出，汛期磷通量远大于非汛期磷通量。如果以宜昌站磷通量实测值代表通过三峡工程的磷通量，那么在提高汛限水位和汛末提前蓄水两种方案下，由于位置相对较近，汉口站磷通量将受到一定程度的影响。汉口站至九江站区间，有更多的磷通量汇入河段，对比汉口站平均磷通量为 1.556kg/s，九江站平均磷通量为 3.103kg/s，几乎翻倍。因此，替代调度方案对磷通量的影响在九江站减小一半，在大通站将进一步减小。也就是说，由于沿河段不断汇入磷通量，距离三峡工程越远，替代调度方案对长江中下游河段磷通量的影响越小。

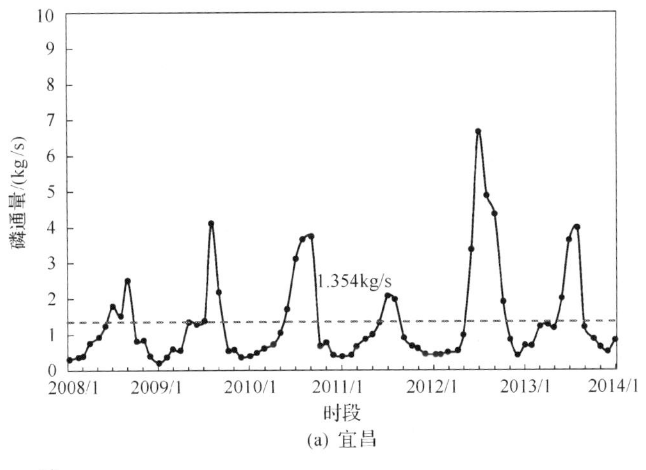
磷通量/(kg/s)
0
1
2
3
4
5
6
7
8
9
10
1.354kg/s
2008/1
2009/1
2010/1
2011/1
2012/1
2013/1
2014/1
时段
(a) 宜昌

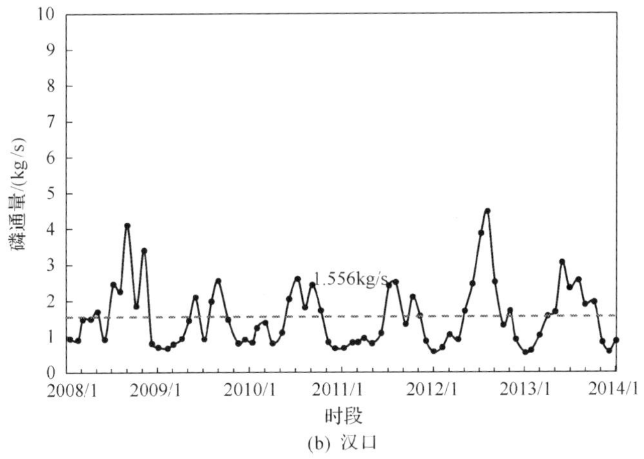
磷通量/(kg/s)
0
1
2
3
4
5
6
7
8
9
10
1.556kg/s
2008/1
2009/1
2010/1
2011/1
2012/1
2013/1
2014/1
时段
(b) 汉口

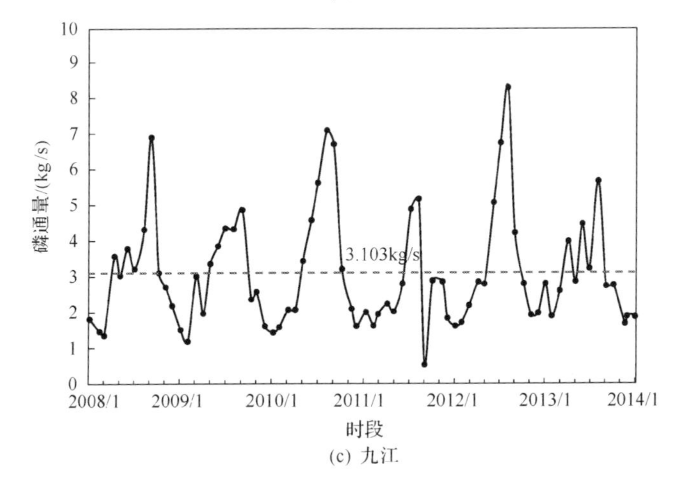
磷通量/(kg/s)
0
1
2
3
4
5
6
7
8
9
10
3.103kg/s
2008/1
2009/1
2010/1
2011/1
2012/1
2013/1
2014/1
时段
(c) 九江

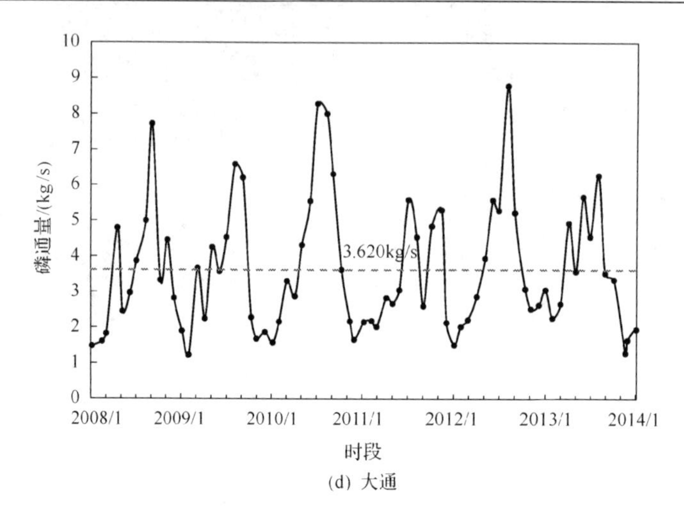

(d) 大通

图 5.15　2008～2013 年宜昌、汉口、九江、大通站磷通量的实测值(Huang et al.，2019)

5.4　本 章 小 结

本章构建了权衡社会、经济、生态效益的水库汛期多目标优化调度数学模型，并以三峡工程为对象开展案例研究分析，采用三种不同调度方案(即设计调度方案、提高汛限水位方案、汛末提前蓄水方案)，并以三场典型洪水过程(即枯、平、丰洪水过程)作为模型输入，开展多目标优化计算和权衡分析。主要结论如下。

(1)构建了三个高精度模拟模块来描述汛期调度的三个主要目标，包括防洪(社会目标)、发电(经济目标)、输沙(生态目标)。构建的模拟模型优于前人的工作，主要表现为以下几个方面：①在防洪模块，采用了硬、软约束兼施的方法描述下泄流量和坝前水位控制方式，符合汛期防洪调度实际；②在发电模块，引入了水电站发电效率和水头的定量关系描述水电转化的特征；③在输沙模块，收集了实测数据以描述含沙量与库容、下泄流量的定量关系。数学建构整体上符合 NLP 模型，可以通过等价转换由优化软件 LINGO 的 Multi-start 求解器高质高效求解。

(2)提高坝前水位将会增加发电量，减少下泄洪峰流量，同时减少输沙量和输磷量。在设计调度方案下，枯、平、丰洪水过程最大发电量分别可以达到 560 亿 kW·h、620 亿 kW·h、699 亿 kW·h，相应的下泄洪峰流量为 25000～27500m^3/s，输沙量为 1517 万～1999 万 t，输磷量为 3152 万～3740 万 kg。枯、平、丰洪水过程最大输沙量分别可以达到 2796 万 t、4640 万 t、5377 万 t，最大输磷量分别可以达到 4021 万 kg、5345 万 kg、5784 万 kg，相应的发电量为 500 亿～588 亿 kW·h，下泄洪峰流量为 38600～52500m^3/s。

(3) 提高汛限水位和汛末提前蓄水两种方案都可以增加发电量，减少下泄洪峰流量，减少输沙量。提高汛限水位方案减少下泄洪峰流量和输沙量的幅度要大于汛末提前蓄水方案。因此，为提升三峡工程综合效益，对比设计调度方案和提高汛限水位方案，汛末提前蓄水方案更值得推荐，这是由于它能够同时增加发电量、保证大坝结构安全和长江中下游河段防洪安全、增加水库汛末蓄满保证率，且对输沙量的影响相对较小。

需要说明的是，水库蓄水和调节流量将改变区域水循环，包括径流量及其时空分布，进而影响泥沙和营养物输移，为研究带来不确定性(Destouni et al.，2010，2013；Bring et al.，2015；Jaramillo and Destouni，2015；Törnqvist et al.，2015)。未来工作可以考虑水循环变化以及强人类活动影响(如长江上游大规模水库群的开发和运行)，探讨变化的和不确定条件下这些竞争性目标间的耦合关系。另外，尽管本章仅考虑了磷用以识别传统调度目标与泥沙附着营养物之间的权衡关系，但这是将复杂的生态目标简化为一个简单数学表达进而量化分析的有效尝试。

第6章　基于LINGO的水库优化调度决策支持系统

决策支持系统(DSS)是集成和利用丰富数据与先进技术辅助决策的人机交互系统，在水库调度领域有广泛应用(郭生练等，2001；周惠成等，2005；程春田等，2007)。从易开发、实用性、鲁棒性、通用性、外延性等原则出发，本章提出一种简单的基于LINGO的水库优化调度DSS的设计和开发思路。DSS集成了用户层、协调层、基础层三层结构，本章仅就技术要点分别予以介绍。需要说明的是，为实现DSS，可同时参考本章内容及新版*LINGO User's Manual*中“Interfacing with Other Applications”章节内容。

本章的主体结构安排如下：6.1节介绍基于LINGO的水库优化调度DSS的总体框架；6.2节介绍DSS的用户层；6.3节介绍DSS的协调层；6.4节介绍DSS的基础层。

6.1　总体框架

DSS的主要功能应根据需要确定，一般应包括数据管理和查询、方案计算和管理、系统管理和维护等。DSS的总体框架如图6.1所示，包括三层结构，分别是用户层、协调层、基础层。

6.2　用户层

用户层，即人机交互界面，能够辅助用户使用DSS，为优化水电系统运行，主要操作包括：

(1)用户通过交互界面直接访问数据库，设置计算参数(包括模型选择、求解器选择、水库特征参数、水文条件、边界条件、约束条件等)并将其存储在数据库中，以方案代码标识；

(2)用户通过交互界面将方案代码传递给协调层，使协调层根据方案代码

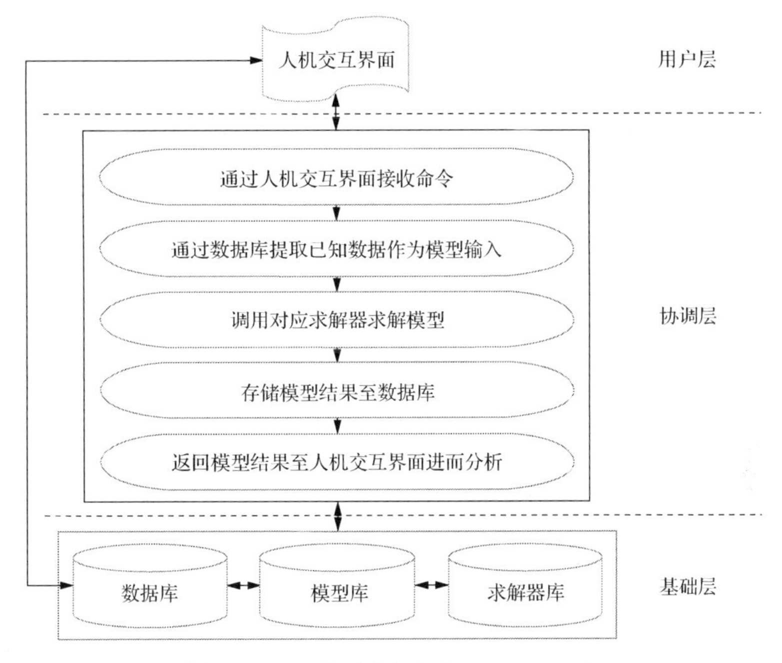

图 6.1　DSS 的总体框架(Si et al.，2018)

从数据库中提取计算参数，从模型库中选择相应模型，从求解器库中选择相应求解器，开展情景优化计算和分析，并将以方案代码标识的计算结果存储在数据库中；

(3)交互界面接收协调层返回计算完成信号，根据方案代码从数据库中提取计算结果，展示和供用户分析。

6.3　协　调　层

协调层是一个应用平台，被视为 DSS 的神经中枢，为优化水电系统运行，主要操作包括：

(1)应用平台通过交互界面接收方案代码，根据方案代码从数据库中提取计算参数，并将计算参数存储到计算机内存中；

(2)应用平台生成 LINGO 环境(LScreateEnvLng)，使用 LINGO 指针函数(LSsetPointerLng)，将计算机内存中的计算参数传递给模型库中相应模型计算变量；

(3)应用平台根据方案代码并通过脚本命令从模型库中选择相应模型，从求解器库中选择相应求解器，执行 LINGO 脚本命令(LSexecuteScriptLng)对模型进行求解计算；

(4)应用平台使用 LINGO 指针函数(LSsetPointerLng)，将计算结果从模型传递给应用平台的计算机内存中，进而通过应用平台存储在数据库中，完成调用后删除 LINGO 环境(LSdeleteEnvLng)；

(5)计算完成后，应用平台返回计算完成信号给交互界面，交互界面从数据库提取计算结果，展示和供用户分析。

以 C/C++语言开发的应用平台主要参考代码如图 6.2 所示。图中给出了应用平台与交互界面的接口，即应用平台本身编译为动态链接库(dynamic link library，DLL)文件(交互界面通过外部函数调用应用平台)和方案代码(交互界面传递给应用平台函数的参数)；应用平台与数据库的接口，即 ActiveX 数据对象(ActiveX Data Objects，ADO)和方案代码；应用平台与模型库的接口，即 LINGO 脚本命令和 LINGO 指针函数；应用平台与求解器库的接口，即 LINGO DLL(应用平台通过外部函数调用求解器库)和 LINGO 脚本命令。

```
#include"Lingd15.h" //包含 LINGO 头文件

#import "C:\Program Files\Common Files\System\ado\msado15.dll" no_namespace
rename("EOF","adoEOF") //包含 ADO 的 COM 组件

extern"C"_declspec(dllexport) int ApplicationPlatform(int& ScenarioCode); //应用平台编译为 DLL 供外部调用

......//其他包含头文件
......//函数和变量声明

//应用平台函数
int ApplicationPlatform(int& ScenarioCode) //从交互界面接收方案代码
{
        ExtractDataFromDatabase(ScenarioCode); //根据方案代码从数据库提取计算参数到应用平台

        CallLINGO(); //调用 LINGO 计算

        StoreSolutionToDatabase(); //通过应用平台存储计算结果到数据库
```

```
        return 1; //返回计算完成信号
}

//调用LINGO计算函数
void CallLINGO()
{
int nError; //错误代码
int nPointersNow; //指针位置
......; //其他变量定义

pLSenvLINGO pLINGO; //LINGO环境指针
pLINGO = LScreateEnvLng(); //生成LINGO环境对象

nError = LSopenLogFileLng (pLINGO, "LINGO.log"); //生成LINGO记录文件

//应用平台与LINGO模型互相传递计算参数或结果
nError = LSsetPointerLng(pLINGO, &NUM_PERIOD, &nPointersNow);
nError = LSsetPointerLng(pLINGO, &NUM_RESERVOIR, &nPointersNow);
nError = LSsetPointerLng(pLINGO, &DELTA, &nPointersNow);
nError = LSsetPointerLng(pLINGO, &DAYS, &nPointersNow);
nError = LSsetPointerLng(pLINGO, &R_OUTPUTCOEFFICIENT, &nPointersNow);
nError = LSsetPointerLng(pLINGO, &R_HLOSS, &nPointersNow);
nError = LSsetPointerLng(pLINGO, &R_STORAGE_0, &nPointersNow);
nError = LSsetPointerLng(pLINGO, &R_STORAGE_T, &nPointersNow);
nError = LSsetPointerLng(pLINGO, &PXR_INFLOW, &nPointersNow);
nError = LSsetPointerLng(pLINGO, &PXR_INTERVAL, &nPointersNow);
nError = LSsetPointerLng(pLINGO, &PXR_STORAGE, &nPointersNow);
nError = LSsetPointerLng(pLINGO, &PXR_FOREBAY_NODE, &nPointersNow);
nError = LSsetPointerLng(pLINGO, &PXR_TAILRACE, &nPointersNow);
nError = LSsetPointerLng(pLINGO, &PXR_RELEASE, &nPointersNow);
nError = LSsetPointerLng(pLINGO, &PXR_POWERRELEASE, &nPointersNow);
nError = LSsetPointerLng(pLINGO, &PXR_NONPOWERRELEASE, &nPointersNow);
nError = LSsetPointerLng(pLINGO, &PXR_OUTPUT, &nPointersNow);
nError = LSsetPointerLng(pLINGO, &PXR_ENERGY, &nPointersNow);
nError = LSsetPointerLng(pLINGO, &OBJECTIVE, &nPointersNow);
nError = LSsetPointerLng(pLINGO, &STATUS, &nPointersNow);
......; //其他互相传递的计算参数或结果

char Script[1000]; //脚本命令
```

```
//LINGO的NLP求解器选择及参数设置常用脚本命令
if (Mode==1) //选择NLP的General求解器求解存储在MODEL.lng文件中的模型
{strcpy(Script, "SET ECHOIN 1\n TAKE MODEL.lng\n SET GLOBAL 0\n SET MULTIS 0\n
GO\n QUIT\n");}
else if (Mode==2) //选择NLP的Global求解器(使用多线程模式，线程数为NT)求解存储在
MODEL.lng文件中的模型并设置终止条件为3600s
{strcpy(Script, "SET ECHOIN 1\n TAKE MODEL.lng\n SET GLOBAL 1\n SET MULTIS 0\n
SET MTMODE 1\n SET NTHRDS NT\n SET TIMLIM 3600\n GO\n QUIT\n");}
else if (Mode==3) //选择NLP的Multi-start求解器(初始点数为NS；使用多线程模式，线程数为
NT)求解存储在MODEL.lng文件中的模型
{strcpy(Script, "SET ECHOIN 1\n TAKE MODEL.lng\n SET GLOBAL 0\n SET MULTIS NS\n
SET MTMODE 1\n SET NTHRDS NT\n GO\n QUIT\n");}
……; //其他脚本命令

LSexecuteScriptLng (pLINGO, Script); //执行脚本命令

LSdeleteEnvLng (pLINGO); //删除LINGO环境对象
}

…… //其他函数
```

图6.2　DSS的协调层主要参考代码

6.4　基　础　层

基础层为DSS提供数据和技术支持，包括数据库、模型库、求解器库。

(1)数据库：包括水文数据、历史调度数据、水库特征参数、边界条件、约束条件、方案管理数据、系统管理数据等。应用平台可以通过ADO链接到数据库，ADO包含一组用于访问数据库源的组件对象模型(component object model，COM)。

(2)模型库：作者采用LINGO开展了系列水电系统优化调度的研究工作，研究对象涉及长江三峡水电系统、黄河上游水电系统等；研究时段涉及短期机组组合、中长期水库调度；研究目标涉及单一目标(发电、防洪、供水等)和多目标权衡分析；数学模型涉及线性规划(LP)、二次规划(quadratic programming，QP)、非线性规划(NLP)、混合整数规划(mixed integer programming，MIP)等(Li et al., 2014a；李想等，2015；Si et al., 2018，2019；

Huang et al.，2019)。随着同类工作开展，作者建立并积累了较多的针对不同问题的 LINGO 模型，构成了模型库，模型库还将随着进一步的工作而更加丰富。LINGO 模型被编辑为文本并以“.lng”文件格式存储。应用平台通过脚本命令和 LINGO 的指针函数链接到模型。

以水电系统发电量最大为例的 LINGO 模型(MODEL.lng)主要参考代码如图 6.3 所示。可以看出，模型中的指针函数(@POINTER)与上述应用平台中的指针函数(LSsetPointerLng)一一对应；在 LINGO 模型中，当@POINTER 位于等号右端时，意为应用平台传递给 LINGO 模型计算参数；当@POINTER 位于等号左端时，意为 LINGO 模型传递给应用平台计算结果。

```
MODEL:

TITLE HYDROPOWER MAXIMIZATION;

DATA:
   NUM_PERIOD=@POINTER(1); !计算时段数;
   NUM_RESERVOIR=@POINTER(2); !计算水库数;
ENDDATA

SETS:
   PERIOD/1..NUM_PERIOD/:
        DAYS, !天数;
        ......; !其他以计算时段为索引的变量;
   RESERVOIR/1..NUM_RESERVOIR/:
       R_OUTPUTCOEFFICIENT, !出力系数;
       R_HLOSS, !水头损失;
       R_STORAGE_0,R_STORAGE_T, !边界条件;
       ......; !其他以计算水库为索引的变量;
    PXR(PERIOD,RESERVOIR):
        PXR_STORAGE,PXR_AVESTORAGE, !库容;
        PXR_FOREBAY,PXR_FOREBAY_NODE,PXR_TAILRACE, !水位;
        PXR_INFLOW,PXR_INTERVAL, !入流、区间流量;
        PXR_RELEASE,PXR_POWERRELEASE,PXR_NONPOWERRELEASE, !下泄流量、发电流量、非
发电流量;
        PXR_OUTPUT,PXR_ENERGY, !出力、发电量;
       ......; !其他以计算时段和计算水库为索引的变量;
ENDSETS
```

```
!目标函数为水电系统发电量最大;
[OBJECTIVE] MAX = @SUM(PXR(t,i):PXR_ENERGY(t,i));

@FOR(PXR(t,i):[OUTPUT]
PXR_OUTPUT(t,i)=R_OUTPUTCOEFFICIENT(i)*(PXR_FOREBAY(t,i)-PXR_TAILRACE(t,i)-R_
HLOSS(i))*PXR_POWERRELEASE(t,i);
PXR_ENERGY(t,i)=PXR_OUTPUT(t,i)*DAYS(t)*DELTA;
); !每时段每水库出力和发电量计算;

...... !其他约束条件，包括库容-上游水位关系、下泄流量-下游水位关系、水量平衡方程、水位约束、流
量约束、出力约束等;

DATA:
   DELTA=@POINTER(3);
   DAYS=@POINTER(4);
   R_OUTPUTCOEFFICIENT=@POINTER(5);
   R_HLOSS=@POINTER(6);
   R_STORAGE_0=@POINTER(7);
   R_STORAGE_T=@POINTER(8);
   PXR_INFLOW=@POINTER(9);
   PXR_INTERVAL=@POINTER(10);
   ......; !其他应用平台传递给 LINGO模型的计算参数;
   @POINTER(11)=PXR_STORAGE;
   @POINTER(12)=PXR_FOREBAY_NODE;
   @POINTER(13)=PXR_TAILRACE;
   @POINTER(14)=PXR_RELEASE;
   @POINTER(15)=PXR_POWERRELEASE;
   @POINTER(16)=PXR_NONPOWERRELEASE;
   @POINTER(17)=PXR_OUTPUT;
   @POINTER(18)=PXR_ENERGY;
   @POINTER(19)=OBJECTIVE;
   @POINTER(20)=@STATUS();
   ......; !其他 LINGO模型传递给应用平台的计算结果;
ENDDATA

END
```

图 6.3 以水电系统发电量最大为例的 LINGO 模型(MODEL.lng)主要参考代码

(3)求解器库：如上所述，水库调度的数学模型一般涉及 LP、QP、NLP、

MIP问题等。经验表明，LINGO拥有强大的求解性能以应对这些问题。DSS正是植入了LINGO的求解器库作为DSS基础层的求解器库。一般地，LINGO可以自动识别模型并调用相应的求解器在默认参数下求解计算。特别情况下，可以通过脚本命令人工选择求解器并设置参数，可参考新版*LINGO User's Manual*中"Command-Line Commands"章节内容。应用平台通过LINGO DLL和脚本命令与LINGO的求解器库建立链接。

以水库调度最常涉及的NLP问题为例，LINGO求解器选择及参数设置常用脚本命令如表6.1所示。LINGO包含三个NLP求解器，分别是General求解器、Global求解器、Multi-start求解器，在默认情况下LINGO仅会调用General求解器。General求解器在获得第1个局部最优解后即停止计算，其计算结果高度依赖于起始点。Global求解器运行时间较长，直到确定得到全局最优解后才停止计算。Multi-start求解器智能选择不同的起始点，从每个起始点出发得到一个局部最优解，然后返回所有解中最佳的局部最优解。一般来说，Multi-start求解器的求解质量随起始点数量的增加而相应提高。此外，在计算环境允许的情况下，通过脚本命令可以触发多线程并行计算，提高求解器计算效率。对于多维非线性水电系统优化问题，其计算复杂度高、求解难度大，可以调用上述三种求解器计算，相互验证求解质量从而选取最优结果。

表6.1　LINGO的NLP求解器选择及参数设置常用脚本命令(Si et al.，2018)

序号	脚本	解释
1	TAKE MODEL.lng SET GLOBAL 0 SET MULTIS 0 GO QUIT	选择NLP的General求解器求解存储在MODEL.lng文件中的模型
2	TAKE MODEL.lng SET GLOBAL 1 SET MULTIS 0 SET MTMODE 1 SET NTHRDS NT SET TIMLIM 3600 GO QUIT	选择NLP的Global求解器(使用多线程模式，线程数为NT)求解存储在MODEL.lng文件中的模型并设置终止条件为3600s
3	TAKE MODEL.lng SET GLOBAL 0 SET MULTIS NS SET MTMODE 1 SET NTHRDS NT GO QUIT	选择NLP的Multi-start求解器(初始点数为NS；使用多线程模式，线程数为NT)求解存储在MODEL.lng文件中的模型

DSS 的应用可以通过 C/S 结构或 B/S 结构来实现，用户层在客户端或浏览器上工作，协调层和基础层在服务器上工作。

6.5　本章小结

本章从易开发、实用性、鲁棒性、通用性、外延性等原则出发，提出了一种简单的基于 LINGO 的水库优化调度 DSS 的设计和开发思路。DSS 具有易开发性，集成了用户层、协调层、基础层三层结构，可有效开展数据/情景管理和分析，便于决策者使用；DSS 具有实用性和鲁棒性，充分了利用 LINGO 的强大求解性能和多线程计算能力，可用于多维非线性水电系统调度的精确模拟和复杂优化；DSS 具有通用性和外延性，可以最小代价移植到其他水电系统，并通过不断丰富基础层扩展使用功能。

参考文献

蔡其华. 2006. 充分考虑河流生态系统保护因素完善水库调度方式. 中国水利, (2): 14-17.

曹广晶. 2011. 以科学为杠杆, 撬动三峡工程的潜力. 中国三峡, (5): 5-10.

畅建霞, 黄强, 王义民. 2001. 基于改进遗传算法的水电站水库优化调度. 水力发电学报, (3): 85-90.

陈进. 2011. 长江大型水库群联合调度问题探讨. 长江科学院院报, 28 (10): 31-36.

陈炯宏, 郭生练, 刘攀, 等. 2010. 三峡梯级和清江梯级水电站群联合调度研究. 水力发电学报, 39 (6): 78-84.

陈雷. 2010. 水电与国家能源安全战略. 中国三峡, (3): 5-7.

陈立华, 梅亚东, 董雅洁, 等. 2008. 改进遗传算法及其在水库群优化调度中的应用. 水利学报, 39 (5): 550-556.

陈立华, 梅亚东, 麻荣永. 2010. 并行遗传算法在雅砻江梯级水库群优化调度中的应用. 水力发电学报, 29 (6): 66-70.

陈立华, 朱海涛, 梅亚东. 2011. 并行粒子群算法及其在水库群优化调度中应用. 广西大学学报(自然科学版), 36 (4): 677-682.

陈洋波, 胡嘉琪. 2004. 隔河岩和高坝洲梯级水电站水库联合调度方案研究. 水利学报, (3): 47-52, 59.

程春田, 廖胜利, 李刚, 等. 2007. 基于 Web 的水库洪水预报调度系统的关键技术. 水电自动化与大坝监测, (2): 15-19.

程春田, 唐子田, 李刚, 等. 2008. 动态规划和粒子群算法在水电站厂内经济运行中的应用比较研究. 水力发电学报, 27 (6): 27-31.

程春田, 郜晓亚, 武新宇, 等. 2011. 梯级水电站长期优化调度的细粒度并行离散微分动态规划方法. 中国电机工程学报, 31 (10): 26-32.

董哲仁, 孙东亚, 赵进勇. 2007. 水库多目标生态调度. 水利水电技术, (1): 28-32.

都志辉. 2001. 高性能计算并行编程技术-MPI 并行程序设计. 北京: 清华大学出版社.

高仕春, 万飚, 梅亚东, 等. 2006. 三峡梯级和清江梯级水电站群联合调度研究. 水利学报, 37 (4): 504-507, 510.

郭生练, 陈炯宏, 刘攀, 等. 2010. 水库群联合优化调度研究进展与展望. 水科学进展, 21 (4): 496-503.

郭生练, 彭辉, 王金星, 等. 2001. 水库洪水调度系统设计与开发. 水文, (3): 4-7.

国网能源研究院有限公司. 2013. 中国发电能源供需与电源发展分析报告. 北京: 中国电力出版社.

国网能源研究院有限公司. 2018a. 中国电源发展分析报告. 北京: 中国电力出版社.

国网能源研究院有限公司. 2018b. 国内外能源与电力发展状况分析报告. 北京: 中国电力出版社.

韩其为, 杨小庆. 2003. 我国水库泥沙淤积研究综述. 中国水利水电科学研究院学报, (3): 5-14.

胡和平, 刘登峰, 田富强, 等. 2008. 基于生态流量过程线的水库生态调度方法研究. 水科学进展, 19 (3): 325-332.

胡铁松, 万永华, 冯尚友. 1995. 水库群优化调度函数的人工神经网络方法研究. 水科学进展, 6 (1): 53-60.

黄强. 1998. 水能利用. 北京: 中国水利水电出版社.

黄强, 王增发, 畅建霞, 等. 1999. 城市供水水源联合优化调度研究. 水利学报, (5): 58-63.

黄强, 黄文政, 薛小杰, 等. 2005. 西安地区水库供水调度研究. 水科学进展, 16 (6): 881-886.

纪昌明, 冯尚友. 1984. 混联式水电站群动能指标和长期调度最优化(运用离散微分动态规划法). 武汉水利电力学院学报, (3): 87-95.
康玲, 黄云燕, 杨正祥, 等. 2010. 水库生态调度模型及其应用. 水利学报, (2): 134-141.
李芳芳. 2011. 大型梯级水电站调度运行的优化算法. 北京: 清华大学.
李想, 魏加华, 傅旭东. 2012. 粗粒度并行遗传算法在水库调度问题中的应用. 水力发电学报, 31(4): 28-33.
李想, 魏加华, 姚晨晨, 等. 2013. 基于并行动态规划的水库群优化. 清华大学学报(自然科学版), 53(9): 1235-1240.
李想, 魏加华, 司源, 等. 2015. 权衡供水与发电目标的水库调度建模及优化. 南水北调与水利科技, 13(5): 973-979.
练继建, 胡明罡, 刘媛媛. 2004. 多沙河流水库水沙联调多目标规划研究. 水力发电学报, (2): 12-16.
廖胜利, 唐诗, 武新宇, 等. 2013. 库群长期优化调度的多核并行粒子群算法. 水力发电学报, 32(2): 78-83.
刘本希, 廖胜利, 程春田, 等. 2012. 库群长期优化调度的多核并行禁忌遗传算法. 水利学报, 43(11): 1279-1286.
刘宁. 2008. 三峡-清江梯级电站联合优化调度研究. 水利学报, 38(3): 264-271.
刘宁. 2012. 长江上游来水变化及梯级联合调度对下游供水影响研究//郭生练, 刘攀. 梯级水库群洪水资源调控与经济运行. 北京: 中国水利水电出版社.
刘攀. 2005. 水库洪水资源化调度关键技术研究. 武汉: 武汉大学.
刘攀, 郭生练, 李玮, 等. 2006. 遗传算法在水库调度中的应用综述. 水利水电科技进展, 26(4): 78-83.
刘攀, 郭生练, 雒征, 等. 2007. 求解水库优化调度问题的动态规划-遗传算法. 武汉大学学报(工学版), 40(5): 1-6.
卢有麟, 周建中, 王浩, 等. 2011. 三峡梯级枢纽多目标生态优化调度模型及其求解方法. 水科学进展, 22(6): 780-788.
马光文, 刘金焕, 李菊根. 2008. 流域梯级水电站群联合优化运行. 北京: 中国电力出版社.
马光文, 王黎. 1997. 遗传算法在水电站优化调度中的应用. 水科学进展, 8(3): 71-76.
梅亚东. 2000. 梯级水库优化调度的有后效性动态规划模型及应用. 水科学进展, 11(2): 194-198.
梅亚东, 熊莹, 陈立华. 2007. 梯级水库综合利用调度的动态规划方法研究. 水力发电学报, 26(2): 1-4.
梅亚东, 杨娜, 翟丽妮. 2009. 雅砻江下游梯级水库生态友好型优化调度. 水科学进展, 20(5): 721-725.
钱宁, 万兆惠. 1983. 泥沙运动力学. 北京: 科学出版社.
覃晖, 周建中, 王光谦, 等. 2009. 基于多目标差分进化算法的水库多目标防洪调度研究. 水利学报, 40(5): 513-519.
邱瑞田, 王本德, 周惠成. 2004. 水库汛期限制水位控制理论与观念的更新探讨. 水科学进展, (1): 68-72.
申建建, 程春田, 廖胜利, 等. 2009. 基于模拟退火的粒子群算法在水电站水库优化调度中的应用. 水力发电学报, 28(3): 10-15.
申建建, 武新宇, 程春田, 等. 2011. 大规模水电站群短期优化调度方法Ⅱ:高水头多振动区问题. 水利学报, (10): 1168-1176, 1184.
水利部长江水利委员会. 2016. 长江泥沙公报. 武汉: 长江水利出版社.
万飚, 高仕春, 陶自成, 等. 2007. 三峡梯级和清江梯级联合运行影响分析. 水力发电学报, 26(4): 1-4, 10.
万新宇, 王光谦. 2011. 基于并行动态规划的水库发电优化. 水力发电学报, 30(6): 166-170.
汪恕诚. 1999. 试论中国水电发展趋势. 水力发电, (10): 1-2.

王本德, 周惠成, 程春田. 1994. 梯级水库群防洪系统的多目标洪水调度决策的模糊优选. 水利学报, (2): 31-39, 45.

王少波, 解建仓, 汪妮. 2008. 基于改进粒子群算法的水电站水库优化调度研究. 水力发电学报, 27(3): 12-15, 21.

王永强, 周建中, 覃晖, 等. 2011. 基于改进二进制粒子群与动态微增率逐次逼近法混合优化算法的水电站机组组合优化. 电力系统保护与控制, 39(10): 64-69.

魏加华, 张远东. 2010. 基于多目标遗传算法的巨型水库群发电优化调度. 地学前缘, 17(6): 255-262.

武新宇, 程春田, 赵鸣雁. 2004. 基于并行遗传算法的新安江模型参数优化率定方法. 水利学报, (11): 85-90.

徐刚, 马光文, 梁武湖, 等. 2005. 蚁群算法在水库优化调度中的应用. 水科学进展, 16(3): 397-400.

杨俊杰, 周建中, 吴玮, 等. 2005. 改进粒子群优化算法在负荷经济分配中的应用. 电网技术, 29(2): 1-4.

游进军, 王忠静, 甘泓, 等. 2008. 国内跨流域调水配置方法研究现状与展望. 南水北调与水利科技, 6(3): 1-4, 8.

张洪波. 2009. 黄河干流生态水文效应与水库生态调度研究. 西安: 西安理工大学.

张建云, 章四龙, 王金星, 等. 2007. 近 50 年来中国六大流域年际径流变化趋势研究. 水科学进展, 18(2): 230-234.

张双虎. 2007. 梯级水库群发电优化调度的理论与实践：以乌江梯级水库群为例. 西安: 西安理工大学.

张双虎, 黄强, 吴洪寿, 等. 2007. 水电站水库优化调度的改进粒子群算法. 水力发电学报, 26(1): 1-5.

张永永, 黄强, 畅建霞. 2008. 基于模拟退火遗传算法的水电站优化调度研究. 水电能源科学, 25(6): 102-104.

张勇传. 1998. 水电站经济运行原理. 北京: 中国水利水电出版社.

郑慧涛. 2013. 水电站群发电优化调度的并行求解方法研究与应用. 武汉: 武汉大学.

中国长江三峡集团有限公司. 2009. 三峡(正常运行期)-葛洲坝水利枢纽梯级调度规程(试行版).

中国长江三峡集团有限公司. 2015. 三峡(正常运行期)-葛洲坝水利枢纽梯级调度规程. 北京: 中国三峡出版社.

中华人民共和国环境保护部. 2013-2016. 长江三峡工程生态与环境监测公报. [2017-6-6]. http://www.cnemc.cn/jcbg/ zjsxgcstyhjjcbg.

钟平安. 2006. 流域实时防洪调度关键技术研究与应用. 南京: 河海大学.

周惠成, 彭勇, 梁国华. 2005. 基于 B/S 模式的水库防洪调度系统的设计与开发研究. 计算机应用研究, (6): 150-151, 186.

周建军, 曹广晶. 2009. 对长江上游水资源工程建设的研究与建议(Ⅰ). 科技导报, 27(9): 48-56.

周建平, 钱钢粮. 2011. 十三大水电基地的规划及其开发现状. 水利水电施工, (124): 1-7.

Alemu E T, Palmer R N, Polebitski A, et al. 2010. Decision support system for optimizing reservoir operations using ensemble streamflow predictions. Journal of Water Resources Planning and Management, 137(1): 72-82.

Arce A, Ohishi T, Soares S. 2002. Optimal dispatch of generating units of the Itaipú hydroelectric plant. IEEE Transactions on Power Systems, 17 (1): 154-158.

Arunkumar R, Jothiprakash V. 2012. Optimal reservoir operation for hydropower generation using non-linear programming model. Journal of the Institution of Engineers (India): Series A, 93(2): 111-120.

Baños R, Manzano-Agugliaro F, Montoya F G, et al. 2011. Optimization methods applied to renewable and sustainable energy: A review. Renewable and Sustainable Energy Reviews, 15(4): 1753-1766.

Barros M T L, Tsai F T C, Yang S L, et al. 2003. Optimization of large-scale hydropower system operations. Journal of Water Resources Planning and Management, 129(3): 178-188.

Bastian P, Helmig R. 1999. Efficient fully-coupled solution techniques for two-phase flow in porous media: Parallel multigrid solution and large scale computations. Advances in Water Resources, 23(3): 199-216.

Becker L, Sparks D, Fults D M, et al. 1976. Operations models for Central Valley Project. Journal of the Water Resources Planning and Management Division, 102(1): 101-115.

Bellman R. 1957. Dynamic Programming. Princeton: Princeton University Press.

Bellman R. 1961. Adaptive Control Processes: A Guided Tour. Princeton: Princeton University Press.

Bhaskar N R, Whitlatch E E. 1980. Derivation of monthly reservoir release policies. Water Resources Research, 16(6): 987-993.

Borghetti A, D'Ambrosio C, Lodi A, et al. 2008. An MILP approach for short-term hydro scheduling and unit commitment with head-dependent reservoir. IEEE Transactions on Power Systems, 23(3): 1115-1124.

Bring A, Rogberg P, Destouni G. 2015. Variability in climate change simulations affects needed long-term riverine nutrient reductions for the Baltic Sea. Ambio, 44(3): 381-391.

Burns R M, Gibson C A. 1975. Optimization of priority lists for a unit commitment program. Proceedings of IEEE/PES Summer Meeting, San Francisco: 453-456.

Cai X M, McKinney D C, Lasdon L S. 2001. Solving nonlinear water management models using a combined genetic algorithm and linear programming approach. Advances in Water Resources, 24(6): 667-676.

Cao G J, Cai Z G, Liu Z W, et al. 2007. Daily optimized model for long-term operation of the Three Gorges-Gezhouba Cascade Power Stations. Science in China Series E: Technological Sciences, 50(1): 98-110.

Carrión M, Arroyo J M. 2006. A computationally efficient mixed-integer linear formulation for the thermal unit commitment problem. IEEE Transactions on Power Systems, 21(3): 1371-1378.

Catalão J P S, Mariano S J P S, Mendes V M F, et al. 2006. Parameterisation effect on the behaviour of a head-dependent hydro chain using a nonlinear model. Electric Power Systems Research, 76(6): 404-412.

Catalão J P S, Mariano S J P S, Mendes V M F, et al. 2009. Scheduling of head-sensitive cascaded hydro systems: A nonlinear approach. IEEE Transactions on Power Systems, 24(1): 337-346.

Chai C, Yu Z, Shen Z, et al. 2009. Nutrient characteristics in the Yangtze River Estuary and the adjacent East China Sea before and after impoundment of the Three Gorges Dam. Science of the Total Environment, 407(16): 4687-4695.

Chandramouli V, Raman H. 2001. Multireservoir modeling with dynamic programming and neural networks. Journal of Water Resources Planning and Management, 127(2): 89-98.

Chang G W, Aganagic M, Waight J G, et al. 2001. Experiences with mixed integer linear programming based approaches on short-term hydro scheduling. IEEE Transactions on Power Systems, 16(4): 743-749.

Chang X L, Liu X H, Zhou W. 2010. Hydropower in China at present and its further development. Energy, 35(11): 4400-4406.

Chen L, Chang F J. 2007. Applying a real-coded multi-population genetic algorithm to multi-reservoir operation. Hydrological Processes, 21 (5): 688-698.

Cheng C P, Liu C W, Liu C C. 2000. Unit commitment by Lagrangian relaxation and genetic algorithms. IEEE Transactions on Power Systems, 15 (2): 707-714.

Cheng C T, Shen J J, Wu X Y, et al. 2012a. Operation challenges for fast-growing China's hydropower systems and respondence to energy saving and emission reduction. Renewable and Sustainable Energy Reviews, 16 (5): 2386-2393.

Cheng C T, Shen J J, Wu X Y. 2012b. Short-term scheduling for large-scale cascaded hydropower systems with multivibration zones of high head. Journal of Water Resources Planning and Management, 138 (3): 257-267.

Cheng C T, Wu X Y, Chau K W. 2005. Multiple criteria rainfall-runoff model calibration using a parallel genetic algorithm in a cluster of computers. Hydrological Sciences Journal, 50 (6): 1069-1087.

Chu W S, Yeh W W G. 1978. A nonlinear programming algorithm for real-time hourly reservoir operations. Journal of the American Water Resources Association, 14 (5): 1048-1063.

Conejo A J, Arroyo J M, Contreras J, et al. 2002. Self-scheduling of a hydro producer in a pool-based electricity market. IEEE Transactions on Power Systems, 17 (4): 1265-1272.

Cunha D G F, Benassi S F, de Falco P B, et al. 2016. Trophic state evolution and nutrient trapping capacity in a transboundary subtropical reservoir: A 25-year study. Environmental Management, 57 (3): 649-659.

Davis J A, Kent D B. 1990. Surface complexation modeling in aqueous geochemistry. Reviews in Mineralogy and Geochemistry, 23 (1): 177-260.

Deb K, Pratap A, Agarwal S, et al. 2002. A fast and elitist multiobjective genetic algorithm: NSGA-II. IEEE Transactions on Evolutionary Computation, 6 (2): 182-197.

Destouni G, Asokan S M, Jarsjö J. 2010. Inland hydro-climatic interaction: Effects of human water use on regional climate. Geophysical Research Letters, 37 (18): L18402.

Destouni G, Jaramillo F, Prieto C. 2013. Hydroclimatic shifts driven by human water use for food and energy production. Nature Climate Change, 3 (3): 213-217.

Diaz F, Contreras J, Muñoz J I, et al. 2011. Optimal scheduling of a price-taker cascaded reservoir system in a pool-based electricity market. IEEE Transactions on Power Systems, 26 (2): 604-615.

Elser J J, Bracken M E S, Cleland E E, et al. 2007. Global analysis of nitrogen and phosphorus limitation of primary producers in freshwater, marine and terrestrial ecosystems. Ecology Letters, 10 (12): 1135-1142.

Fang H, Chen M, Chen Z, et al. 2013. Effects of sediment particle morphology on adsorption of phosphorus elements. International Journal of Sediment Research, 28 (2): 246-253.

Fang H W, Wang G Q. 2000. Three-dimensional mathematical model of suspended-sediment transport. Journal of Hydraulic Engineering, 126 (8): 578-592.

Finardi E C, da Silva E L. 2006. Solving the hydro unit commitment problem via dual decomposition and sequential quadratic programming. IEEE Transactions on Power Systems, 21 (2): 835-844.

Guo S L, Chen J H, Li Y, et al. 2011. Joint operation of the multi-reservoir system of the Three Gorges and the Qingjiang cascade reservoirs. Energies, 4 (7): 1036-1050.

Gupta H, Kao S J, Dai M. 2012. The role of mega dams in reducing sediment fluxes: A case study of large Asian rivers. Journal of Hydrology, 464: 447-458.

Hall W A, Butcher W S, Esogbue A. 1968. Optimization of the operation of a multiple-purpose reservoir by dynamic programming. Water Resources Research, 4 (3): 471-477.

Heidari M, Chow V T, Kokotović P V, et al. 1971. Discrete differential dynamic programing approach to water resources systems optimization. Water Resources Research, 7 (2): 273-282.

Horowitz A J. 2008. Determining annual suspended sediment and sediment-associated trace element and nutrient fluxes. Science of the Total Environment, 400 (1-3): 315-343.

Huang L, Fang H, Fazeli M, et al. 2015a. Mobility of phosphorus induced by sediment resuspension in the Three Gorges Reservoir by flume experiment. Chemosphere, 134: 374-379.

Huang L, Fang H, Reible D. 2015b. Mathematical model for interactions and transport of phosphorus and sediment in the Three Gorges Reservoir. Water Research, 85: 393-403.

Huang L, Fang H, He G, et al. 2016. Phosphorus adsorption on natural sediments with different pH incorporating surface morphology characterization. Environmental Science and Pollution Research, 23 (18): 18883-18891.

Huang L, Li X, Fang H W, et al. 2019. Balancing social, economic and ecological benefits of reservoir operation during the flood season: A case study of the Three Gorges Project, China. Journal of Hydrology, 572: 422-434.

Huang H, Yan Z. 2009. Present situation and future prospect of hydropower in China. Renewable and Sustainable Energy Reviews, 13 (6): 1652-1656.

International Hydropower Association (IHA). 2018. The 2018 hydropower status report: Sector trends and insights. [2018-05-24]. https://www.hydropower.org/publications/2018-hydropower-status-report.

Jain S K, Das A, Srivastava D K. 1999. Application of ANN for reservoir inflow prediction and operation. Journal of Water Resources Planning and Management, 125 (5): 263-271.

Jaramillo F, Destouni G. 2015. Local flow regulation and irrigation raise global human water consumption and footprint. Science, 350 (6265): 1248-1251.

Ji D, Wells S A, Yang Z, et al. 2017. Impacts of water level rise on algal bloom prevention in the tributary of Three Gorges Reservoir, China. Ecological Engineering, 98: 70-81.

Jiao N, Zhang Y, Zeng Y, et al. 2007. Ecological anomalies in the East China Sea: Impacts of the three gorges dam. Water Research, 41 (6): 1287-1293.

Juste K A, Kita H, Tanaka E, et al. 1999. An evolutionary programming solution to the unit commitment problem. IEEE Transactions on Power Systems, 14 (4): 1452-1459.

Kazarlis S A, Bakirtzis A G, Petridis V. 1996. A genetic algorithm solution to the unit commitment problem. IEEE Transactions on Power Systems, 11 (1): 83-92.

Kollet S J, Maxwell R M. 2006. Integrated surface-groundwater flow modeling: A free-surface overland flow boundary condition in a parallel groundwater flow model. Advances in Water Resources, 29 (7): 945-958.

Kollet S J, Maxwell R M, Woodward C S, et al. 2010. Proof of concept of regional scale hydrologic simulations at hydrologic resolution utilizing massively parallel computer resources. Water Resources Research, 46 (4): W04201.

Kumar D N, Reddy M J. 2006. Ant colony optimization for multi-purpose reservoir operation. Water resources management, 20 (6): 879-898.

Kumar D N, Reddy M J. 2007. Multipurpose reservoir operation using particle swarm optimization. Journal of Water Resources Planning and Management, 133(3): 192-201.

Labadie J W. 2004. Optimal operation of multireservoir systems: State-of-the-art review. Journal of Water Resources Planning and Management, 130(2): 93-111.

Larson R E. 1968. State Increment Dynamic Programming. New York: Elsevier Science.

Larson R E, Korsak A J. 1970. A dynamic programming successive approximations technique with convergence proofs. Automatica, 6(2): 245-252.

Li C A, Svoboda A J, Tseng C L, et al. 1997. Hydro unit commitment in hydro-thermal optimization. IEEE Transactions on Power Systems, 12(2): 764-769.

Li F F, Qiu J. 2016. Multi-objective optimization for integrated hydro-photovoltaic power system. Applied Energy, 167: 377-384.

Li F F, Shoemaker C A, Wei J H, et al. 2013b. Estimating maximal annual energy given heterogeneous hydropower generating units with application to the Three Gorges system. Journal of Water Resources Planning and Management, 139(3): 265-276.

Li F F, Wei J H, Fu X D, et al. 2012. An effective approach to long-term optimal operation of large-scale reservoir systems: Case study of the Three Gorges system. Water Resources Management, 26(14): 4073-4090.

Li Q, Yu M, Lu G, et al. 2011b. Impacts of the Gezhouba and Three Gorges reservoirs on the sediment regime in the Yangtze River, China. Journal of Hydrology, 403(3-4): 224-233.

Li T J, Wang G Q, Chen J, et al. 2011a. Dynamic parallelization of hydrological model simulations. Environmental Modelling & Software, 26(12): 1736-1746.

Li X, Guo S L, Liu P, et al. 2010. Dynamic control of flood limited water level for reservoir operation by considering inflow uncertainty. Journal of Hydrology, 391(1-2): 124-132.

Li X, Li T J, Wei J H, et al. 2014a. Hydro unit commitment via mixed integer linear programming: A case study of the Three Gorges Project, China. IEEE Transactions on Power Systems, 29(3): 1-10.

Li X, Wei J H, Li T J, et al. 2014b. A parallel dynamic programming algorithm for multi-reservoir system optimization. Advances in Water Resources, 67: 1-15.

Li X, Wei J, Fu X, et al. 2013a. Knowledge-based approach for reservoir system optimization. Journal of Water Resources Planning and Management, 140(6): 04014001.

LINDO Systems Inc. 2015. LINGO User's Guide.

Liu X Y, Guo S L, Liu P, et al. 2011. Deriving optimal refill rules for multi-purpose reservoir operation. Water Resources Management, 25(2): 431-448.

Loucks D P, van Beek E, Stedinger J R, et al. 2005. Water resources systems planning and management: An introduction to methods, models and applications. Paris: UNESCO.

Lund J R, Reed R U. 1995. Drought water rationing and transferable rations. Journal of Water Resources Planning and Management, 121(6): 429-437.

Mantawy A H, Abdel-Magid Y L, Selim S Z. 1999. Integrating genetic algorithms, tabu search, and simulated annealing for the unit commitment problem. IEEE Transactions on Power Systems, 14(3): 829-836.

Maxwell R M. 2013. A terrain-following grid transform and preconditioner for parallel, large-scale, integrated hydrologic modeling. Advances in Water Resources, 53:109-117.

Mitsch W J, Lu J, Yuan X, et al. 2008. Optimizing ecosystem services in China. Science, 322(5901): 528.

Mousavi S J, Karamouz M. 2003. Computational improvement for dynamic programming models by diagnosing infeasible storage combinations. Advances in Water Resources, 26(8): 851-859.

Needham J T, Watkins Jr D W, Lund J R, et al. 2000. Linear programming for flood control in the Iowa and Des Moines rivers. Journal of Water Resources Planning and Management, 126(3): 118-127.

Nemhauser G L. 1966. Introduction to Dynamic Programming. New York: John Wiley.

Nicklow J, Reed P, Savic D, et al. 2009. State of the art for genetic algorithms and beyond in water resources planning and management. Journal of Water Resources Planning and Management, 136(4): 412-432.

Nilsson O, Sjelvgren D. 1997. Variable splitting applied to modelling of start-up costs in short term hydro generation scheduling. IEEE Transactions on Power Systems, 12(2): 770-775.

Oliveira R, Loucks D P. 1997. Operating rules for multireservoir systems. Water Resources Research, 33(4): 839-852.

Pachauri R K, Allen M R, Barros V R, et al. 2014. Climate change 2014: Synthesis report. Contribution of working groups Ⅰ, Ⅱ and Ⅲ to the fifth assessment report of the Intergovernmental Panel on Climate Change (IPCC). Geneva, Switzerland: IPCC.

Padhy N P. 2004. Unit commitment-a bibliographical survey. IEEE Transactions on Power Systems, 19(2): 1196-1205.

Piccardi C, Soncini-Sessa R. 1991. Stochastic dynamic programming for reservoir optimal control: Dense discretization and inflow correlation assumption made possible by parallel computing. Water Resources Research, 27(5): 729-741.

Pool R. 1992. Massively parallel machines usher in next level of computing power. Science, 256(5053): 50-51.

Reed P M, Kollat J B. 2013. Visual analytics clarify the scalability and effectiveness of massively parallel many-objective optimization: A groundwater monitoring design example. Advances in Water Resources, 56: 1-13.

Rouholahnejad E, Abbaspour K C, Vejdani M, et al. 2012. A parallelization framework for calibration of hydrological models. Environmental Modelling & Software, 31: 28-36.

Salami A W, Sule B F. 2012. Optimal water management modeling for hydropower system on river Niger in Nigeria. Annals of the Faculty of Engineering Hunedoara, 10(1): 185-192.

Sasaki H, Watanabe M, Kubokawa J, et al. 1992. A solution method of unit commitment by artificial neural networks. IEEE Transactions on Power Systems, 7(3): 974-981.

Schelske C L. 2009. Eutrophication: Focus on phosphorus. Science, 324(5928): 722.

Sharif M, Swamy V S V. 2014. Development of LINGO-based optimization model for multi-reservoir systems operation. International Journal of Hydrology Science and Technology, 4(2): 126-138.

Sheble G B, Fahd G N. 1994. Unit commitment literature synopsis. IEEE Transactions on Power Systems, 9(1): 128-135.

Si Y, Li X, Yin D Q, et al. 2018. Evaluating and optimizing the operation of the hydropower system in the Upper Yellow River: A general LINGO-based integrated framework. Plos ONE, 13(1): e0191483.

Si Y, Li X, Yin D Q, et al. 2019. Revealing the water-energy-food nexus in the Upper Yellow River Basin through multi-objective optimization for reservoir system. Science of the Total Environment, 682: 1-18.

Simonovic S P. 1992. Reservoir systems analysis: Closing gap between theory and practice. Journal of Water Resources Planning and Management, 118(3): 262-280.

Snyder W L, Powell H D, Rayburn J C. 1987. Dynamic programming approach to unit commitment. IEEE Transactions on Power Systems, 2(2): 339-348.

Soares S, Salmazo C T. 1997. Minimum loss predispatch model for hydroelectric power systems. IEEE Transactions on Power Systems, 12(3): 1220-1228.

Stone R. 2008. Three Gorges Dam: Into the unknown. Science, 321: 628-632.

Su C C, Hsu Y Y. 1991. Fuzzy dynamic programming: An application to unit commitment. IEEE Transactions on Power Systems, 6(3): 1231-1237.

Suen J P, Eheart J W. 2006. Reservoir management to balance ecosystem and human needs: Incorporating the paradigm of the ecological flow regime. Water Resources Research, 42(3): W03417.

Sulis A. 2009. GRID computing approach for multireservoir operating rules with uncertainty. Environmental Modelling & Software, 24(7): 859-864.

Syvitski J P M, Vörösmarty C J, Kettner A J, et al. 2005. Impact of humans on the flux of terrestrial sediment to the global coastal ocean. Science, 308(5720): 376-380.

Tang Y, Reed P M, Kollat J B. 2007. Parallelization strategies for rapid and robust evolutionary multiobjective optimization in water resources applications. Advances in Water Resources, 30(3): 335-353.

Tauxe G W, Inman R R, Mades D M. 1980. Multiple objectives in reservoir operation. Journal of the Water Resources Planning and Management Division, 106(1): 225-238.

Teegavarapu R S V, Simonovic S P. 2002. Optimal operation of reservoir systems using simulated annealing. Water Resources Management, 16(5): 401-428.

Tejada-Guibert J A, Stedinger J R, Staschus K. 1990. Optimization of value of CVP's hydropower production. Journal of Water Resources Planning and Management, 116(1): 52-70.

Törnqvist R, Jarsjö J, Thorslund J, et al. 2015. Mechanisms of basin-scale nitrogen load reductions under intensified irrigated agriculture. Plos ONE, 10(3): e0120015.

Trott W J, Yeh W W G. 1973. Optimization of multiple reservoir system. Journal of the Hydraulics Division, 99(10): 1865-1884.

Tu M Y, Hsu N S, Tsai F T C, et al. 2008. Optimization of hedging rules for reservoir operations. Journal of Water Resources Planning and Management, 134(1): 3-13.

Tu M Y, Hsu N S, Yeh W W G. 2003. Optimization of reservoir management and operation with hedging rules. Journal of Water Resources Planning and Management, 129(2): 86-97.

Turgeon A. 1981. Optimal short-term hydro scheduling from the principle of progressive optimality. Water Resources Research, 17(3): 481-486.

Virmani S, Adrian E C, Imhof K, et al. 1989. Implementation of a Lagrangian relaxation based unit commitment problem. IEEE Transactions on Power Systems, 4(4): 1373-1380.

Wan X Y, Wang G Q, Yi P, et al. 2010. Similarity-based optimal operation of water and sediment in a sediment-laden reservoir. Water Resources Management, 24(15): 4381-4402.

Wang G Q, Wu B S, Wang Z Y. 2005. Sedimentation problems and management strategies of Sanmenxia Reservoir, Yellow River, China. Water Resources Research, 41 (9): W09417.

Wang H, Brill E D, Ranjithan R S, et al. 2015. A framework for incorporating ecological releases in single reservoir operation. Advances in Water Resources, 78: 9-21.

Wang H, Fu X D, Wang G Q, et al. 2011. A common parallel computing framework for modeling hydrological processes of river basins. Parallel Computing, 37 (6): 302-315.

Wang H, Yang Z, Wang Y, et al. 2008. Reconstruction of sediment flux from the Changjiang (Yangtze River) to the sea since the 1860s. Journal of Hydrology, 349 (3-4): 318-332.

Wang J, Cheng C T, Shen J J, et al. 2018. Optimization of large-scale daily hydrothermal system operations with multiple objectives. Water Resources Research, 54 (4): 2834-2850.

Wang Q, Chen Y. 2010. Status and outlook of China's free-carbon electricity. Renewable and Sustainable Energy Reviews, 14 (3): 1014-1025.

Wang X Y, Li X, Baiyin B L G, et al. 2017. Maintaining the connected river-lake relationship in the middle Yangtze River reaches after completion of the Three Gorges Project. International Journal of Sediment Research, 32 (4): 487-494.

Wang Y, Shen Z, Niu J, et al. 2009. Adsorption of phosphorus on sediments from the Three-Gorges Reservoir (China) and the relation with sediment compositions. Journal of Hazardous Materials, 162 (1): 92-98.

Wang Z Y, Hu C H. 2009. Strategies for managing reservoir sedimentation. International Journal of Sediment Research, 24 (4): 369-384.

Wardlaw R, Sharif M. 1999. Evaluation of genetic algorithms for optimal reservoir system operation. Journal of Water Resources Planning and Management, 125 (1): 25-33.

Wei J H, Wang G Q, Weng W B, et al. 2004. Adaptive control model of water resources regulation in the Yellow River. Science in China Series E: Technological Sciences, 47 (1): 224-234.

White W R. 2010. World water: Resources, usage and the Role of man-made reservoirs. Bucks: Foundation for Water Research.

Withers P J A, Jarvie H P. 2008. Delivery and cycling of phosphorus in rivers: A review. Science of the Total Environment, 400 (1-3): 379-395.

Wu Y P, Li T J, Sun L Q, et al. 2013. Parallelization of a hydrological model using the message passing interface. Environmental Modelling & Software, 43: 124-132.

Wurbs R A. 1993. Reservoir-system simulation and optimization models. Journal of Water Resources Planning and Management, 119 (4): 455-472.

Xu B, Zhong P A, Stanko Z, et al. 2015. A multiobjective short-term optimal operation model for a cascade system of reservoirs considering the impact on long-term energy production. Water Resources Research, 51 (5): 3353-3369.

Xu X, Tan Y, Yang G, et al. 2011. Impacts of China's Three Gorges Dam Project on net primary productivity in the reservoir area. Science of the Total Environment, 409 (22): 4656-4662.

Yakowitz S. 1982. Dynamic programming applications in water resources. Water Resources Research, 18 (4): 673-696.

Yeh W W G. 1985. Reservoir management and operations models: A state-of-the-art review. Water Resources Research, 21 (12): 1797-1818.

Yeh W W G, Becker L. 1982. Multiobjective analysis of multireservoir operations. Water Resources Research, 18 (5): 1326-1336.

Yi Y, Wang Z, Yang Z. 2010. Impact of the Gezhoba and Three Gorges Dams on habitat suitability of carps in the Yangtze River. Journal of Hydology, 387 (3-4): 283-291.

Young G K. 1967. Finding reservoir operating rules. Journal of the Hydraulics Division, 93 (HY6): 297-321.

Yu Y, Wang P, Wang C, et al. 2018. Optimal reservoir operation using multi-objective evolutionary algorithms for potential estuarine eutrophication control. Journal of Environmental Management, 223: 758-770.

Yuan W, Yin D, Finlayson B, et al. 2012. Assessing the potential for change in the middle Yangtze River channel following impoundment of the Three Gorges Dam. Geomorphology, 147: 27-34.

Zambon R C, Barros M T L, Lopes J E G, et al. 2011. Optimization of large-scale hydrothermal system operation. Journal of Water Resources Planning and Management, 138 (2): 135-143.

Zhang R, Zhou J Z, Zhang H F, et al. 2014. Optimal operation of large-scale cascaded hydropower system in upper reaches of Yangtze River in China. Journal of Water Resources Planning and Management, 140: 480-495.

Zhao T T G, Cai X M, Lei X H, et al. 2012. Improved dynamic programming for reservoir operation optimization with a concave objective function. Journal of Water Resources Planning and Management, 138 (6): 590-596.

Zhou J, Zhang M, Lin B, et al. 2015. Lowland fluvial phosphorus altered by dams. Water Resources Research, 51 (4): 2211-2226.

Zhou J, Zhang M, Lu P. 2013. The effect of dams on phosphorus in the middle and lower Yangtze river. Water Resources Research, 49 (6): 3659-3669.

Zhuang F, Galiana F D. 1990. Unit commitment by simulated annealing. IEEE Transactions on Power Systems, 5 (1): 311-318.

彩　插

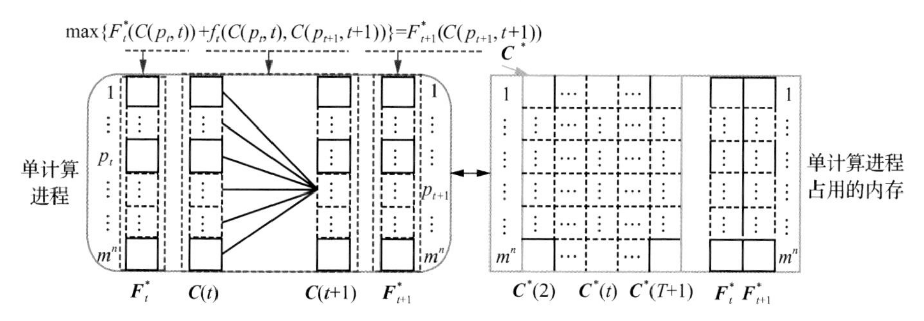

图 4.2　串行 DP 算法的计算步骤和计算内存示意(Li et al.，2014b)

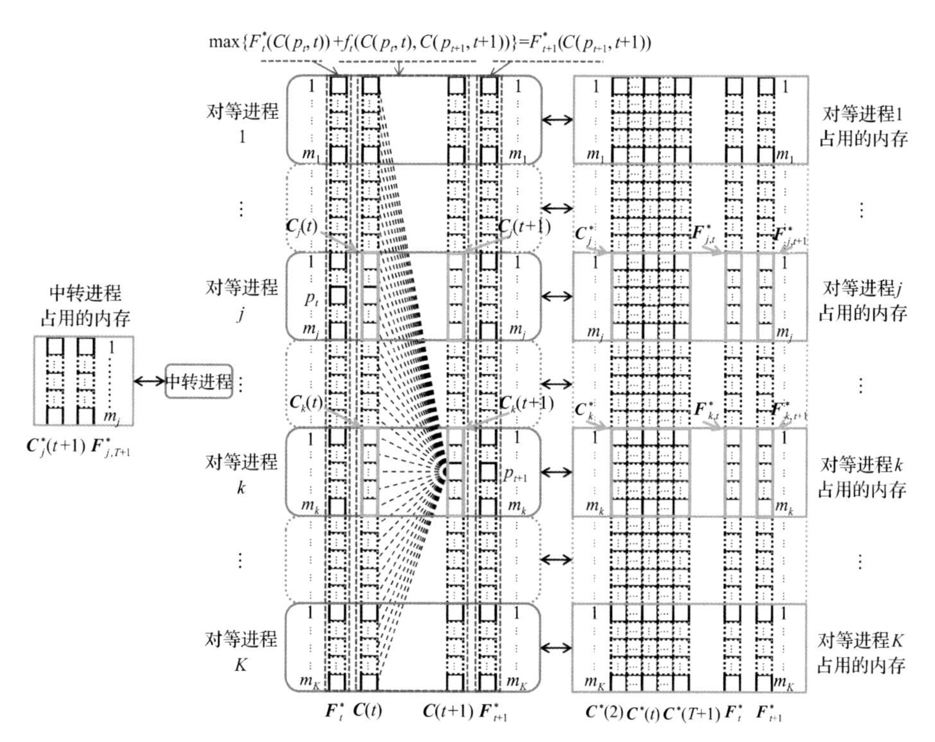

图 4.5　并行 DP 算法的计算步骤和计算内存示意(Li et al.，2014b)

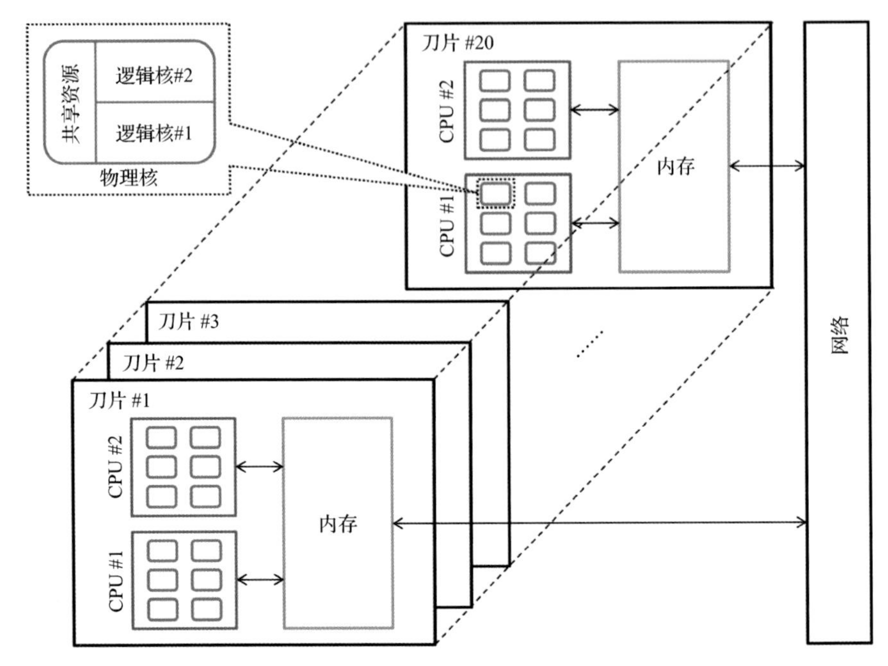

图 4.8　HPC 系统示意(Li et al.，2014b)

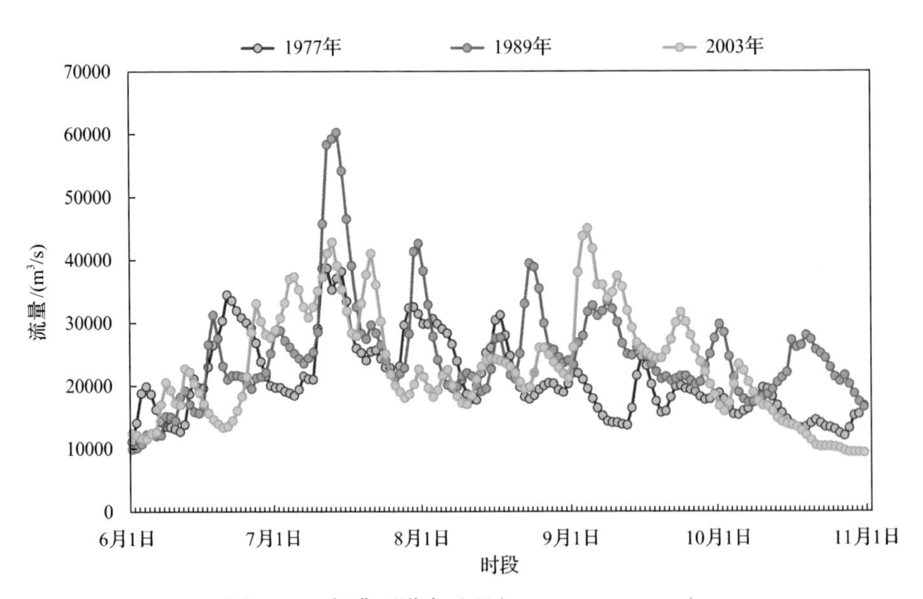

图 5.3　三场典型洪水过程(Huang et al.，2019)

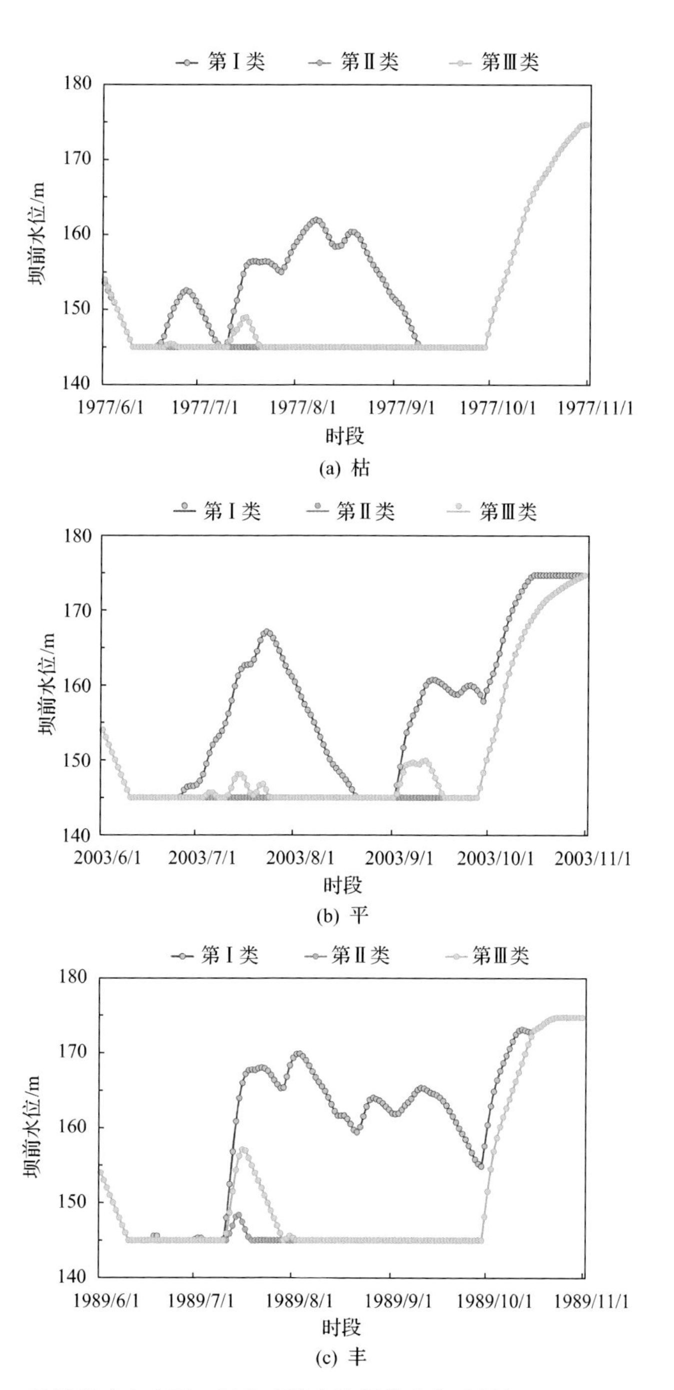

图 5.7　设计调度方案下三场典型洪水的坝前水位过程(Huang et al.，2019)

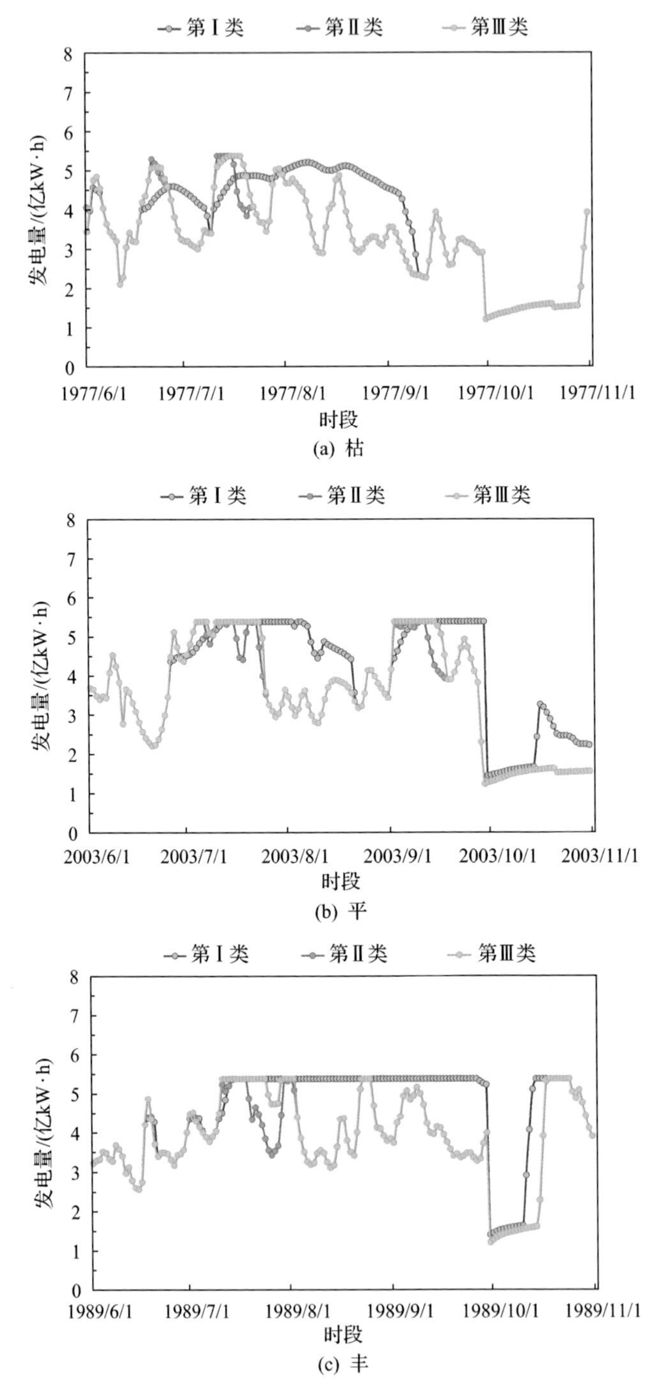

图 5.8 设计调度方案下三场典型洪水的发电量过程(Huang et al.，2019)

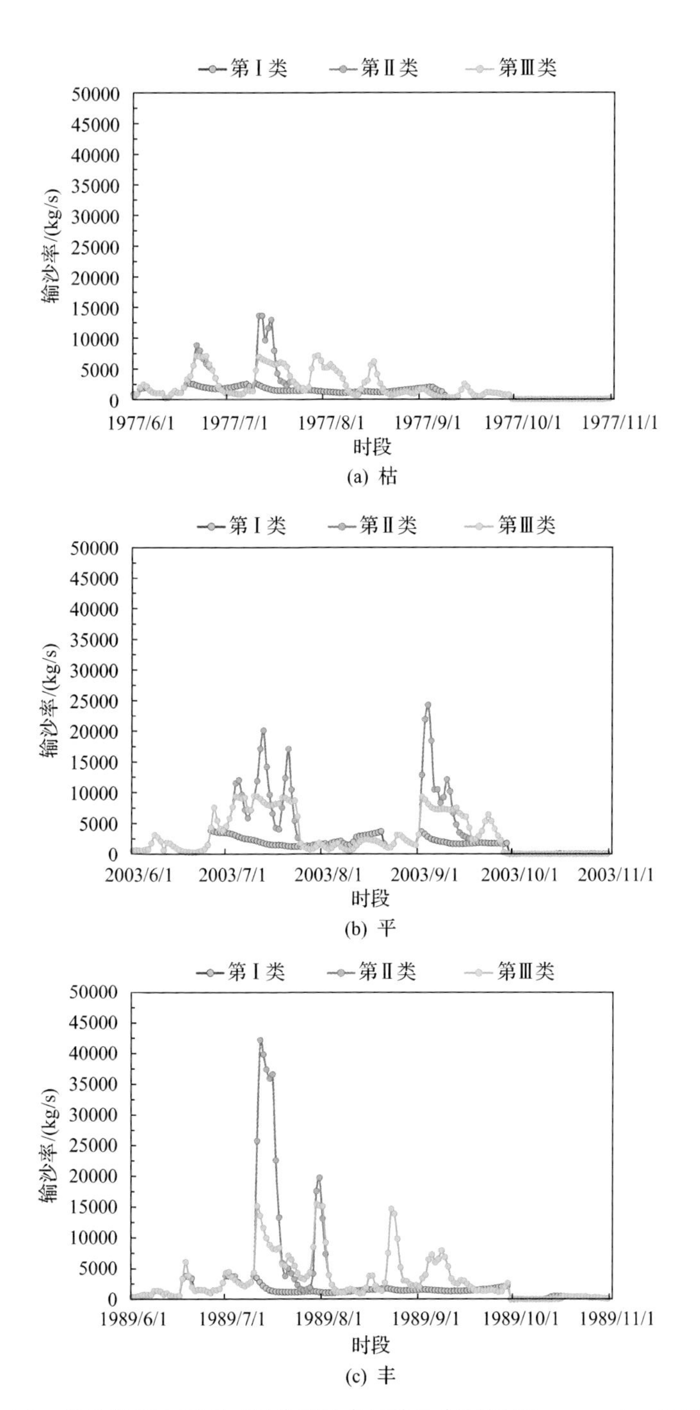

图 5.9　设计调度方案下三场典型洪水的输沙率过程(Huang et al.，2019)

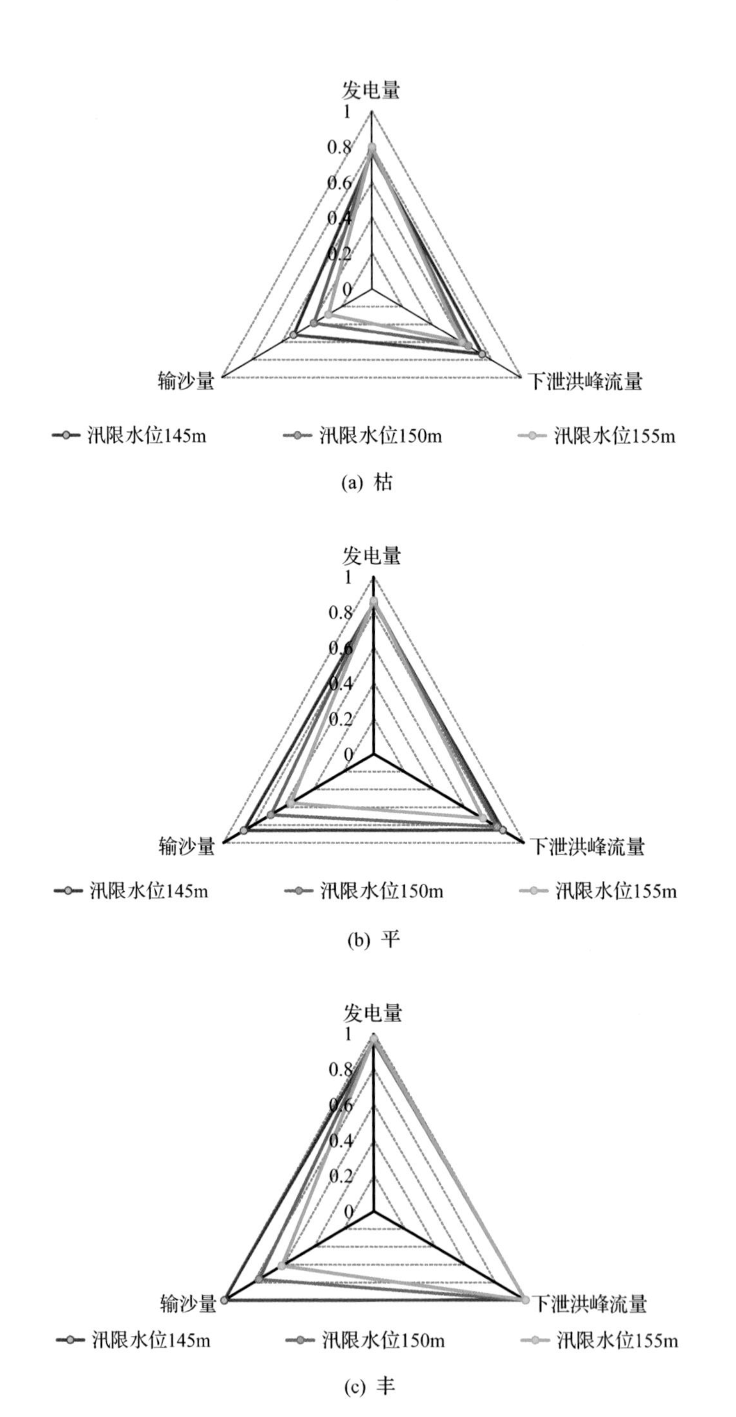

图 5.10 不同汛限水位不同洪水过程下三个调度目标的雷达图(Huang et al.，2019)

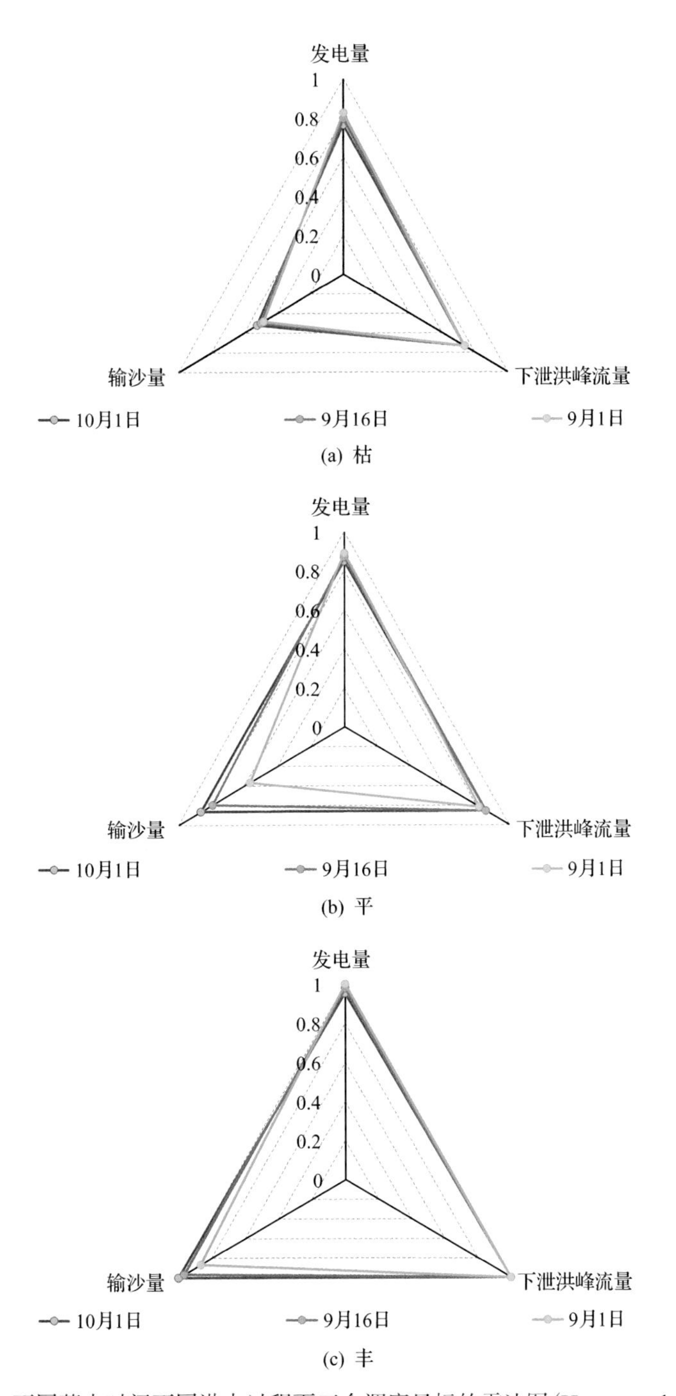

图 5.11　不同蓄水时间不同洪水过程下三个调度目标的雷达图(Huang et al.，2019)

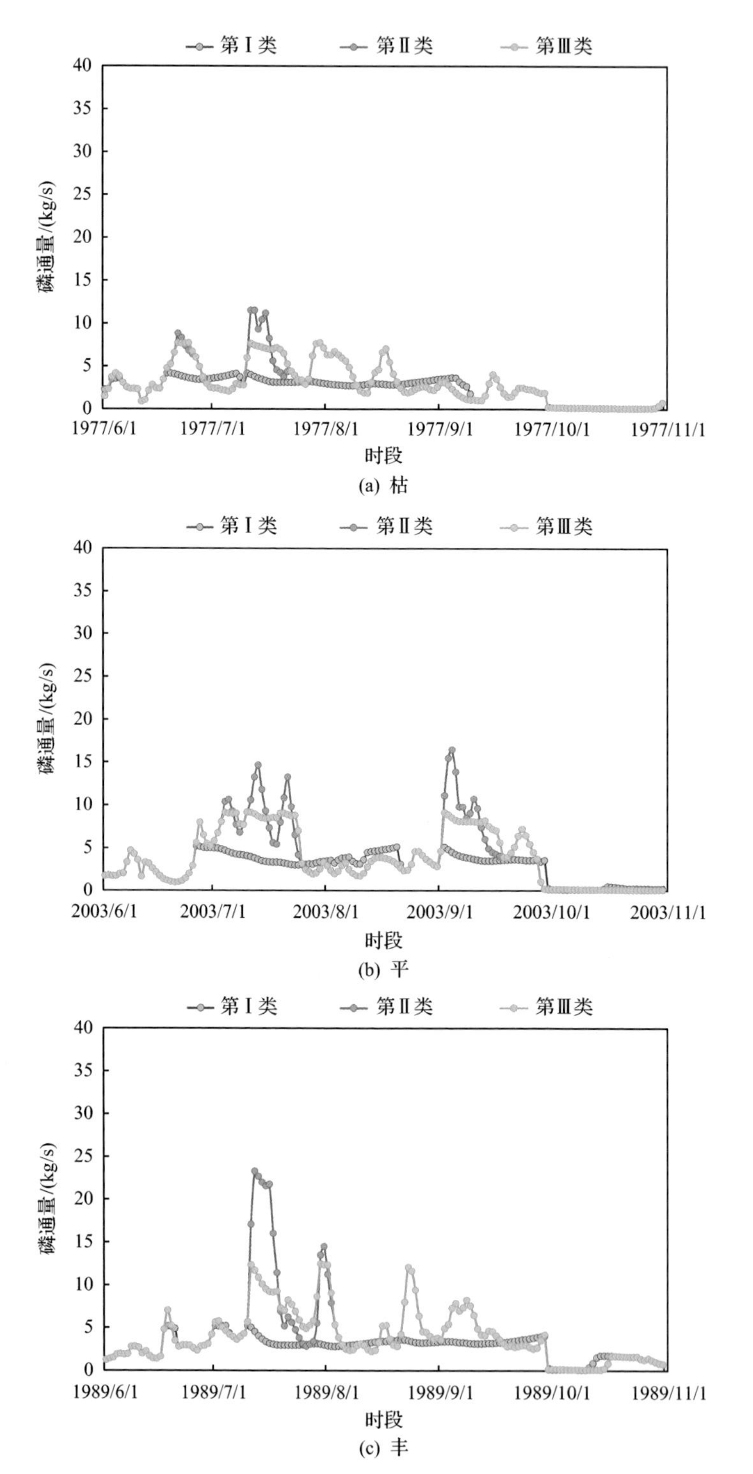

图 5.14　设计调度方案下三场典型洪水过程下磷通量过程（Huang et al.，2019）